国家职业教育焊接技术与自动化专业
教学资源库配套教材

# 切割技术

主　编　王滨滨
副主编　史维琴　姜泽东
　　　　吴叶军　马国新
参　编　戴艳涛　张　浩
主　审　孙百鸣

机械工业出版社
CHINA MACHINE PRESS

本书是国家职业教育焊接技术与自动化专业教学资源库配套教材。

本书采用项目任务式编写方式，以源于生产实际的工作项目为引领，主要内容包括手工火焰切割、半自动火焰切割、数控火焰切割、等离子弧切割、炭弧气刨、激光切割。详细阐述了各种常见切割方法的基本原理、应用范围、所用设备、切割操作技术、典型切割工艺参数、常见缺陷及防止措施等方面内容。

本书可作为焊接技术与自动化专业、机械制造与自动化专业等相关专业的教材，也可作为成人教育和继续教育的教材，也可供社会相关从业人员参考。

本书采用双色印刷，并将相关的微课和模拟动画等以二维码的形式植入书中，以方便读者学习使用。为便于教学，本书配套有电子教案、助教课件、教学动画及教学视频等教学资源，读者可登录焊接资源库网站 http：//hjzyk.36ve.com：8103/访问。

## 图书在版编目（CIP）数据

切割技术/王滨滨主编．—北京：机械工业出版社，2018.5（2024.9重印）
国家职业教育焊接技术与自动化专业教学资源库配套教材
ISBN 978-7-111-59556-4

Ⅰ.①切⋯　Ⅱ.①王⋯　Ⅲ.①切割-职业教育-教材
Ⅳ.①TG4

中国版本图书馆 CIP 数据核字（2018）第 056309 号

机械工业出版社（北京市百万庄大街22号　邮政编码100037）
策划编辑：王海峰　于奇慧　　责任编辑：王海峰　于奇慧
责任校对：梁　静　　　　　　封面设计：鞠　扬
责任印制：邸　敏
中煤（北京）印务有限公司印刷
2024年9月第1版第5次印刷
184mm×260mm・9印张・199千字
标准书号：ISBN 978-7-111-59556-4
定价：30.00元

电话服务　　　　　　　　　网络服务
客服电话：010-88361066　　机　工　官　网：www.cmpbook.com
　　　　　010-88379833　　机　工　官　博：weibo.com/cmp1952
　　　　　010-68326294　　金　书　网：www.golden-book.com
封底无防伪标均为盗版　　　机工教育服务网：www.cmpedu.com

# 国家职业教育焊接技术与自动化专业
# 教学资源库配套教材编审委员会

主　任：王长文　吴访升　杨　跃

副主任：陈炳和　孙百鸣　戴建树　陈保国　曹朝霞

委　员：史维琴　杨淼森　姜泽东　侯　勇　吴叶军　吴静然
　　　　冯菁菁　冒心远　王滨滨　邓洪军　崔元彪　许小平
　　　　易传佩　曹润平　任卫东　张　发

总策划：王海峰

# 总序

跨入 21 世纪，我国的职业教育经历了职教发展史上的黄金时期。经过了"百所示范院校"和"百所骨干院校"，涌现出一批优秀教师和优秀的教学成果。而与此同时，以互联网技术为代表的各类信息技术飞速发展，它带动其他技术的发展，改变了世界的形态，甚至人们的生活习惯。网络学习成了一种新的学习形态。职业教育专业教学资源库的出现，是适应技术与发展需要的结果。通过职业教育专业资源库建设，借助信息技术手段，实现全国甚至是世界范围内的教学资源共享。更重要的是，以资源库建设为抓手，适应时代发展，促进教育教学改革，提高教学效果，实现教师队伍教育教学能力的提升。

2015 年，职业教育国家级焊接技术与自动化专业教学资源库建设项目通过教育部审批立项。全国的焊接专业从此有了一个统一的教学资源平台。焊接技术与自动化专业教学资源库由哈尔滨职业技术学院，常州工程职业技术学院和四川工程职业技术学院三所院校牵头建设，在此基础上，项目组联合了 48 所大专院校，其中有国家示范（骨干）高职院校 23 所，绝大多数院校均有主持或参与前期专业资源库建设和国家精品资源课及精品共享课程建设的经验。参与建设的行业、企业在我国相关领域均具有重要影响力。这些院校和企业遍布于我国东北地区、西北地区、华北地区、西南地区、华南地区、华东地区、华中地区和台湾地区的 26 个省、自治区、直辖市。对全国省、自治区、直辖市的覆盖程度达到 81.2%。三所牵头院校与联盟院校包头职业技术学院，承德石油高等专科学校，渤海船舶职业技术学院作为核心建设单位，共同承担了 12 门焊接专业核心课程的开发与建设工作。

焊接技术与自动化专业教学资源库建设了"焊条电弧焊""金属材料焊接工艺""熔化极气体保护焊""焊接无损检测""焊接结构生产""特种焊接技术""焊接自动化技术""焊接生产管理""先进焊接与连接""非熔化极气体保护焊""焊接工艺评定""切割技术"共 12 门专业核心课程。课程资源包括课程标准、教学设计、教材、教学课件、教学录像、习题与试题库、任务工单、课程评价方案、技术资料和参考资料、图片、文档、音频、视频、动画、虚拟仿真、企业案例及其他资源等。其中，新型立体化教材是其重要的建设成果。与传统教材相比，本套教材采用了全新的课程体系，加入了焊接技术最新的发展成果。

焊接行业、企业及学校三方联动，针对"书是书、网是网"，课本与资源库毫无关联的情况，开发互联网 + 资源库的特色教材，为教材设计相应的动态及虚拟互动资源，弥补纸质教材图文呈现方式的不足，进行互动测验的个性化学习，不仅使学生提高了学习兴趣，而且拓展了学习途径。在专业课程体系及核心课程建设小组指导下，由行业专家、企业技术人员和专业教师共同组建核心课程资源开发团队，融入国际标准、国家标准和焊接行业标准，共同开发课程标准，与机械工业出版社共同统筹规划了特色教材和相关课程资源。本套新型的焊接专业课程教材，充分利用了互联网平台技术，教师使用本套教材，结合焊接技术与自动化网络平台，可以掌握学生的学习进程、效果与反馈，及时调整教学进程，显著提升教学效果。

教学资源库正在改变当前职业教育的教学形式，并且还将继续改变职业教育的未来。随着信息技术的进步和教学手段不断完善，教学资源库将会以全新的形态呈现在广大学习者面前，本套教材也会随着资源库的建设发展而不断完善。

教学资源库配套教材编审委员会

2017 年 10 月

# 前言

焊接技术广泛应用于机械制造、航空航天、军工、船舶制造、石油化工、现代建筑等国民经济的各个领域，是制造业必需的基础技术之一，对"中国制造"向"优质制造"和"精品制造"转型升级具有重要的支撑作用。

随着我国工业企业的改革和转型，出现了企业内部人才培训体系相对落后，新参加工作的专业人才不适应企业实际生产工作的现象。本着贴合实际生产应用，培养企业技能型人才的目的，我们编写了本书。

"切割技术"课程是国家职业教育焊接技术与自动化专业教学资源库建设项目中的核心课程之一，为了更好地为资源库的应用提供支撑，方便广大学习者使用资源库进行学习，本书链接了大量的网络资源，既可以作为资源库配套用书，也可以作为自学教材。本书主要内容包括手工火焰气割、半自动火焰切割、数控火焰切割、等离子弧切割、炭弧气刨和激光切割等不同切割方法的原理和典型产品的切割工艺。

本书的特色是：

1. 采用项目任务式编写体例，以适应行动导向教学改革的需要。

2. 以焊接生产实际中的产品为载体组织教学内容。本书根据实际生产对专业技术人员知识、能力和素质的要求，结合企业实际焊接产品组织教学内容。本书同时融入了有关的国家标准、行业标准及国际焊接标准，以适应焊接行业的发展。

3. 基于课程开发确定教学内容，编写团队经验丰富。本书由哈尔滨职业技术学院与常州工程职业技术学院联合编写，团队教师组成的课程开发小组进行了课程教学内容开发，一致认为课程教学内容的确定应该坚持三个原则：与企业生产过程的要求相一致；结合不同切割方法和加工工艺要求；考虑焊接技术与自动化专业毕业生就业的主要工作岗位、学生的可持续发展。根据企业真实的产品，按照企业生产法规和标准，依据合格的工艺编制切割工艺规程的形式来组织教学，培养学生的方法能力、专业能力和社会能力。

4. 构建过程考核和多元评价体系，课程考核贯穿教学的全过程。结合焊接资源库教学平台，学习者在学习过程中的学习行为都计入考核范围，这样能综合反映学习者的整体成绩。评价以多元评价为主，采用教师评价、专家评价、学生互评等方式。

本书建议学时为48学时。课程教学建议在"教、学、做一体化"实训基地中或具有良好网络环境的多媒体教室中进行。实训基地中应具有教学区、实训区和资料区等，能够满足学生自主学习和完成工作任务的需要。具有良好网络环境的多媒体教室便于使用焊接技术与自动化专业教学资源库中的资源进行教学。

本书与焊接技术与自动化专业教学资源库内容有机融合，与各类资源共同构成了服务资源库教学应用的立体化资源。

本书由哈尔滨职业技术学院王滨滨担任主编，常州工程职业技术学院史维琴、姜泽东、吴叶军、马国新担任副主编。哈尔滨电机厂有限责任公司张浩承担了部分内容的编写工作，哈尔滨职业技术学院戴艳涛参加了编写。具体分工如下：项目一任务 1、项目二任务 1 由史维琴编写；项目三任务 1 由姜泽东编写；项目四任务 1 由吴叶军、张浩编写，项目一任务 2、项目二任务 2、项目三任务 2、项目四任务 2、项目五由王滨滨编写；项目六任务 1 由马国新编写、项目六任务 2 由戴艳涛编写。全书由王滨滨负责统稿，由哈尔滨职业技术学院孙百鸣担任主审。

本书在编写过程中，与哈尔滨电机厂有限责任公司进行合作，得到了企业专家和专业技术人员的大力支持，他们为本书提出了许多宝贵意见和建议，在此一并表示衷心的感谢。

由于编者水平有限，书中难免存在疏漏和不当之处，恳请读者批评指正。

编　者

# 目录

总序

前言

**项目一　手工火焰切割低碳钢板**　001
　任务1　手工火焰切割 6mm 低碳钢板　002
　任务2　手工火焰切割 50mm 低碳钢板　016

**项目二　半自动火焰切割低碳钢板**　025
　任务1　半自动火焰直线切割 12mm 低碳钢板　026
　任务2　半自动火焰切割开坡口 12mm 低碳钢板　031

**项目三　数控火焰切割加工备料**　044
　任务1　数控火焰直线切割 12mm 低碳钢板　045
　任务2　不规则平面形状切割 20mm 低碳钢板　060

**项目四　空气等离子弧切割不锈钢板**　069
　任务1　等离子弧切割设备安装与调试　070
　任务2　等离子弧切割 6mm 不锈钢板　081

**项目五　编制炭弧气刨工艺**　087
　任务1　不锈钢的炭弧气刨工艺　088
　任务2　碳素钢、低合金钢和铸铁的炭弧气刨工艺　106

**项目六　激光切割加工备料**　113
　任务1　激光切割设备的调试与操作　114
　任务2　使用激光切割机加工备料　129

参考文献　135

# 项目一
# 手工火焰切割低碳钢板

## 项目导入

手工火焰切割机作为早期我国机械加工业的基础性设备,一直以来都为广大企业所熟悉,随着数控切割机的普及,企业对相关切割设备升级的同时,仍然有一部分企业还在继续使用类似手工切割设备。手工火焰切割具有方便、灵活,适用面广的特点。同时也具有容易受人为因素影响,切割质量达不到精度要求的缺点。当采用手工火焰切割枪手工切割钢板时,由于受手及身体的晃动、抖动等一系列不稳定因素的影响,都会造成切割的实际路径与预想达到的理论路径不一致,出现偏离、弯曲、锯齿状等缺陷,特别是手工直线切割钢板的直线度不易达到要求,容易造成返工、重新下料或增加打磨工序等,导致人工、材料和时间的浪费。

本项目以手工火焰切割低碳钢板为例,为学习半自动火焰切割做准备,旨在掌握气割的原理、火焰的调节,以及缺陷的产生原因及预防措施。

## 学习目标

1)了解低碳钢板的气割原理及其应用范围。

2)了解气割火焰的种类和性质。

3)能够进行气割所用设备、工具、夹具的安全检查并正确使用割炬及其辅助工具。

4)能够选择低碳钢厚板气割的工艺参数。

5)能够根据厚度选择割炬的型号、调整气体的流量。

6)能够分析影响低碳钢板手工气割切口表面质量的因素。

7)具有独立思考和自我学习的能力。

8)具有克服困难的能力和良好的心理素质。

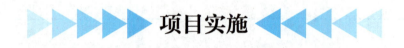

# 项目实施

## 任务 1　手工火焰切割 6mm 低碳钢板

### 任务解析

选择合适的割炬、工具和夹具；连接氧气瓶、乙炔瓶、氧气压力瓶、乙炔减压瓶、割炬、割嘴、氧气胶管、乙炔胶管；选择合适的切割工艺参数，熟练进行 6mm 低碳钢板手工火焰切割，并对手工气割切口质量进行自检，分析切割常见缺陷产生原因，并采取防止措施。

### 必备知识

#### 一、常用气割设备和工具的使用

气割即气体火焰切割，是利用可燃性气体与助燃性气体混合燃烧所放出的热量作为热源，进行金属材料切割的一种方法。火焰切割作为最基础的切割方式，其中以手工气割的应用最为广泛。

**1. 氧气和氧气瓶及其使用**

（1）氧气与氧气瓶　氧气是气割过程中的一种助燃气体，其化学性质极为活泼。氧气几乎能与自然界的一切元素相化合，这种化合作用称为氧化反应。剧烈的氧化反应称为燃烧。

气焊、气割时所使用的氧气是贮存于高压氧气瓶中的，氧气瓶的外表涂淡（酞）蓝色，瓶体上用黑漆标注"氧"字样。常用气瓶的容积为 40L，在 15MPa 压力下，可贮存 $6m^3$ 的氧气。氧气瓶的形状如图 1-1 所示，由瓶体、瓶帽、瓶阀及瓶箍等组成。瓶阀的一侧装有安全膜片，当瓶内压力超过规定值时，安全膜片即自行爆破，从而保护氧气瓶的安全。

高压的氧气与油脂等易燃物质相接触时，会发生剧烈的氧化反应而使易燃物自行燃烧，这样在高压和高温的作用下，促使氧化反应更加剧烈而引起爆炸。因此，在使用氧气瓶时，切不可使氧气瓶阀、氧气减压器、焊炬、割炬、氧气皮管等沾上油脂。

氧气的纯度对气焊、气割的质量、生产率以及氧气本身的消耗量都有直接影响。气焊、气割时氧气的纯度越高，则工件质量和生产率越高，氧气的消耗量越小，因此氧气的纯度越高越好。一般来说，气割时氧气的纯度不应低于 99.5%；对于质量要求较高的气焊，氧气的纯度不应低于 99.2%。

（2）氧气瓶的使用　使用氧气瓶时，应注意以下几点：

1）氧气瓶在使用时应直立放置，安放平稳，防止倾倒。只有在特殊情况下才允许卧放，但瓶头一端必须垫高，防止滚动。

2）瓶阀可用扳手直接开启与关闭。氧气瓶开启时，焊工应站在出气口的

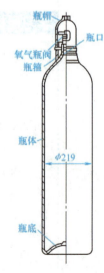

图 1-1　氧气瓶

侧面，先拧开瓶阀吹掉出气口内的杂质，再与氧气减压器连接。开启和关闭时不要用力过猛。

3）氧气瓶内的氧气不能全部用完，至少应保留 0.1～0.3MPa 的压力，以便充氧时便于鉴别气体性质和吹除瓶阀内的杂质，还可以防止在使用中可燃气体倒流或空气进入瓶内。

4）夏季露天操作时，氧气瓶应放置在阴凉处，避免阳光强烈照射。

氧气瓶的使用及减压器安装微课见二维码 1-1。

二维码 1-1　氧气瓶的使用及减压器安装

**2. 乙炔和乙炔瓶及其使用**

（1）乙炔与乙炔瓶　乙炔是气割过程中常用的可燃气体，它是电石与水相互作用而得到的，电石是钙和碳的化合物（碳化钙 $CaC_2$），在空气中极易潮化。

电石与水发生反应，生成乙炔和熟石灰，并析出大量的热，化学反应式为：

$$CaC_2+2H_2O=C_2H_2+Ca(OH)_2+127×10^3 J/mol$$

乙炔是一种无色而带有特殊臭味的碳氢化合物，其分子式为 $C_2H_2$，在标准状态下密度是 $1.179kg/m^3$，比空气轻。

乙炔与空气混合燃烧时产生的火焰温度为 2350℃，而与氧气混合燃烧时产生的火焰温度为 3000～3300℃，因此可足以迅速将金属加热到较高温度进行焊接与切割。

乙炔是一种具有爆炸性的危险气体，当压力为 0.15MPa 时，如果气体温度达到 580～600℃，乙炔就会自行爆炸。压力越大，乙炔自行爆炸所需的温度就越低；而温度越高，则乙炔自行爆炸的压力越低。乙炔与空气或氧气混合而形成的气体也具有爆炸性，乙炔的含量（体积分数）在 2.2%～81% 范围内与空气混合成的气体，以及乙炔的含量（体积分数）在 2.8%～93% 范围内与氧气混合成的气体，只要遇到火星就会立即爆炸。

乙炔与纯铜或纯银长期接触后产生一种爆炸性的化合物，即乙炔铜（$Cu_2C_2$）和乙炔银（$Ag_2C_2$），当它们受到剧烈振动或者加热到 110～120℃时就会引起爆炸。所以凡是与乙炔接触的器具设备禁止用银或铜制造，只能用含铜量不超过 70%（质量分数）的铜合金制造。

乙炔和氯、次氯酸盐等化合会发生燃烧和爆炸，所以乙炔燃烧时，绝对禁止用四氯化碳灭火。

乙炔瓶是一种贮存和运输乙炔的容器，其形状和构造如图 1-2 所示。乙炔瓶外表涂白色，并用红漆标注"乙炔　不可近火"字样。乙炔瓶内的最高压力为 1.5MPa，瓶内装着浸有丙酮的多孔性填料，使乙炔能稳定而安全地溶解在乙炔瓶内。由于乙炔是易燃易爆气体，因此必须严格按照安全规则使用。

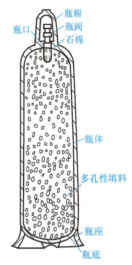

图 1-2　乙炔瓶

（2）乙炔瓶的使用　使用乙炔瓶时，应注意以下几点：

1）乙炔瓶在使用时只能直立放置，不能横放，否则会使瓶内的丙酮流出，甚至会通过减压器流入乙炔胶管和焊、割炬内，引起燃烧或爆炸。

2）乙炔瓶应避免剧烈的振动和撞击，以免填料下沉而形成空洞，影响乙炔的贮存，甚至造成乙炔的爆炸。

3）工作时，乙炔的使用压力不允许超过 0.15MPa，输出流量不能超过 1.5～2.5L/min。

4）乙炔瓶阀与减压器的连接必须可靠，严禁在漏气的状态下使用。

5）乙炔瓶内的乙炔不能完全用完，当高压表读数为零，低压表的读数为 0.01～0.03MPa 时，应关闭瓶阀，禁止使用。

6）乙炔瓶表面的温度不应超过 30～40℃，温度过高会降低乙炔在丙酮中的溶解度，使瓶内乙炔的压力急剧增高。夏季使用乙炔瓶时应注意不可在阳光下暴晒，应置于阴凉通风处。

二维码 1-2　乙炔瓶的使用及减压器安装

乙炔瓶的使用及减压器安装微课见二维码 1-2。

**3. 减压器及其使用**

（1）减压器的作用

1）减压作用。由于气瓶内的压力较高，而气割时所需的工作压力却较小，如氧气的工作压力一般要求为 0.1～0.5MPa，乙炔的工作压力最高不超过 0.15MPa，因此需要用减压器把贮存在气瓶内的高压气体降为低压气体，才能输送到割炬内使用。

2）稳压作用。随着气体的消耗，气瓶内气体的压力是逐渐下降的，即在气焊、气割过程中气瓶内的气体压力是时刻变化的，这种变化会影响气割过程的顺利进行。因此就需要使用减压器保持输出气体的压力和流量都不受气瓶内气体压力下降的影响，使工作压力自始至终保持稳定。

（2）减压器的分类及构造

1）减压器的分类。减压器按用途不同可分为氧气减压器和乙炔减压器，或分为集中式和岗位式；按构造不同可分为单级式和双级式；按工作原理不同可分为正作用式、反作用式和双级混合式。图 1-3 所示为单级反作用式减压器的构造。常用减压器的主要技术数据见表 1-1。

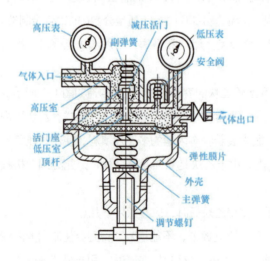

图 1-3　单级反作用式减压器的构造

表 1-1 常用减压器的主要技术数据

| 减压器型号 | QD-1 | QD-2A | QD-3A | DJ-6 | SJ7-10 | QD-20 | QW2-16/0.6 |
|---|---|---|---|---|---|---|---|
| 名称 | 单级氧气减压器 | 单级氧气减压器 | 单级氧气减压器 | 单级氧气减压器 | 双级氧气减压器 | 单级乙炔减压器 | 单级丙烷减压器 |
| 进气口最高压力/MPa | 15 | 15 | 15 | 15 | 15 | 2.0 | 1.6 |
| 最高工作压力/MPa | 2.5 | 1.0 | 0.2 | 2.0 | 2.0 | 0.15 | 0.16 |
| 工作压力调节范围/MPa | 0.1~2.5 | 0.1~1.0 | 0.01~0.2 | 0.1~2.0 | 0.1~2.0 | 0.01~0.15 | 0.02~0.06 |
| 最大放气能力/($m^3$/h) | 80 | 40 | 10 | 180 | — | 9 | — |
| 出气口孔径/mm | 6 | 5 | 3 | — | 5 | 4 | — |
| 压力表规格/MPa | 0~25<br>0~4 | 0~25<br>0~1.6 | 0~25<br>0~0.4 | 0~25<br>0~4 | 0~25<br>0~4 | 0~2.5<br>0~0.25 | 0~2.5<br>0~0.16 |
| 安全阀泄气压力/MPa | 2.9~3.9 | 1.15~1.6 | — | 2.2 | 2.2 | 0.18~0.24 | 0.07~0.12 |
| 进口连接螺纹 | G5/8in | G5/8in | G5/8in | G5/8in | G5/8in | 夹环连接 | G5/8in |
| 质量/kg | 4 | 2 | 2 | 2 | 3 | 2 | 2 |
| 外形尺寸/(mm×mm×mm) | 200×200×210 | 165×170×160 | 165×170×160 | 170×200×142 | 200×170×220 | 170×185×315 | 165×190×160 |

2）减压器的构造　氧气、乙炔等气体所用的减压器，在作用原理、构造和使用方法等方面基本相同，所不同的是乙炔减压器与乙炔瓶的连接采用特殊的夹环，并用紧固螺栓加以固定，如图1-4所示。

（3）减压器的使用

1）安装减压器前，先检查减压器接头螺纹是否完好，应保证减压器接头螺纹与氧气瓶阀连接达到5扣以上，以防止安装不牢而使高压气体射出；同时还要检查高压表和低压表的指针是否处于零位，如图1-5所示。

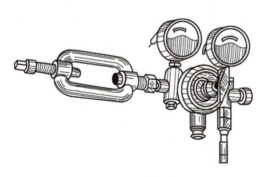

图 1-4　乙炔减压器

图 1-5　检查高压表和低压表

2）开启瓶阀前，应先将减压器的调节螺钉旋松，使其处于非工作状态，以免开启瓶阀时损坏减压器。开启瓶阀时，瓶阀出气口不得正对操作者或者他人，以防止高压气体突然冲出伤人。

3）调节工作压力时，要缓缓地旋紧调节螺钉，以免高压氧冲坏弹簧、薄膜装置和低压表。停止工作时，应先关闭高压气瓶的瓶阀，然后再放出减压器内的全部余气，放松调节螺钉使指针降到零位。

4）减压器上不得沾染油脂、污物，如有油脂，应擦拭干净再用。

5）严禁不同气体的减压器和压力表替换使用。

6）减压器上若有冻结现象，应用热水或蒸汽解冻，绝不能用火焰烘烤。

**4. 割炬及气割的辅助工具**

割炬是气割工作的主要工具。割炬的作用是将可燃气体与助燃气体按一定的比例和方式混合燃烧后，形成具有一定热量和形状的预热火焰，并在预热火焰中心喷射出切割氧气进行切割。

（1）割炬的分类

1）按可燃气体与氧气混合的方式不同，可分为射吸式（低压）割炬和等压式割炬两种，其中射吸式割炬使用较多。

2）按用途不同，可分为普通割炬、重型割炬、焊割两用炬等。普通割炬的型号及主要技术数据见表1-2。

表1-2 普通割炬的型号及主要技术数据

| 割炬型号 | G01-30 | | | G01-100 | | | G01-300 | | | | G02-100 | | |
|---|---|---|---|---|---|---|---|---|---|---|---|---|---|
| 结构形式 | 射吸式 | | | | | | | | | | 等压式 | | |
| 割嘴号码 | 1 | 2 | 3 | 1 | 2 | 3 | 1 | 2 | 3 | 4 | 1 | 2 | 3 |
| 割嘴切割氧孔径/mm | 0.7 | 0.9 | 1.1 | 1.0 | 1.3 | 1.6 | 1.8 | 2.2 | 2.6 | 3.0 | 0.8 | 1.0 | 1.2 |
| 切割厚度范围/mm | 3~10 | 10~20 | 20~30 | 10~25 | 25~50 | 50~100 | 100~150 | 150~200 | 200~250 | 250~300 | 5~10 | 10~25 | 25~40 |
| 氧气工作压力/MPa | 0.2 | 0.25 | 0.3 | 0.3 | 0.4 | 0.5 | 0.5 | 0.65 | 0.8 | 1.0 | 0.25 | 0.3 | 0.35 |
| 乙炔工作压力/MPa | 0.001~0.1 | | | | | | | | | | 0.025~0.1 | 0.03~0.1 | 0.04~0.1 |
| 氧气消耗量/(m³/h) | 0.8 | 1.4 | 2.2 | 2.2~2.7 | 3.5~4.2 | 5.5~7.3 | 9.0~10.8 | 11~14 | 14.5~18 | 19~26 | — | — | — |
| 乙炔消耗量/(L/h) | 210 | 240 | 310 | 350~400 | 400~500 | 500~610 | 680~780 | 800~1100 | 1150~1200 | 1250~1600 | | | |
| 割嘴形状 | 环形 | | | 梅花形或环形 | | | 梅花形 | | | | 梅花形 | | |

（2）射吸式割炬的构造及工作原理

1）射吸式割炬的构造。射吸式割炬的构造如图1-6所示，割炬可分为两部分：一部分为预热部分，具有射吸作用，可使用低压乙炔；另一部分为切割部分，由切割氧开关（阀门）、切割氧管及割嘴组成。

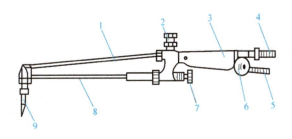

图 1-6　射吸式割炬的构造

1—切割氧管　2—切割氧开关　3—手柄　4—氧气管接头　5—乙炔管接头
6—乙炔开关　7—预热氧开关　8—混合气管　9—割嘴

割嘴与焊嘴的结构形式不同，割嘴的喷射孔有环形和梅花形两种（见图1-7）。

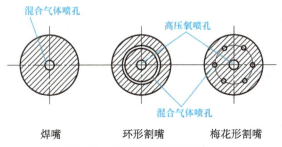

图 1-7　割嘴与焊嘴的截面比较

2）射吸式割炬的工作原理。射吸式割炬的工作原理如图1-8所示。气割时，先打开乙炔阀和氧气阀并点火，调节好预热火焰，对工件进行预热；待工件预热至燃点时，再开启切割氧阀，此时高速氧气流将切口处的金属氧化并吹除；随着割炬的不断移动，在工件上形成切口。

射吸式割炬的构造及工作原理微课见二维码1-3。

二维码 1-3　射吸式割炬的构造及工作原理

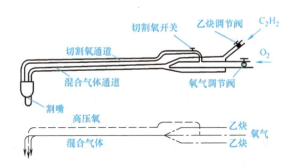

图 1-8　射吸式割炬的工作原理

(3)气割的辅助工具

1)护目镜。主要作用是保护焊工的眼睛不受火焰光的刺激,以便在气割过程中仔细观察切口,又可防止飞溅金属微粒溅入眼睛内。护目镜的镜片颜色和深浅程度,根据焊工需要进行选择。一般宜用3号到7号的黄绿色镜片。

2)氧气和乙炔胶管。氧气瓶和乙炔瓶中的气体,须用橡胶管输送到割炬中,根据GB/T 2550—2016《气体焊接设备 焊接、切割和类似作业用橡胶软管》中的规定,氧气管为蓝色,内径为8mm,允许工作压力为1.5MPa;乙炔管为红色,内径为10mm,允许工作压力为0.3MPa。连接割炬的胶管长度不能短于5m,但太长了会增加气体流动的阻力,一般以10~15m为宜。胶管应禁止油污和漏气,严禁互换使用。

3)点火枪。使用手枪式点火枪点火最为安全方便。当用火柴点火时,必须把划着了的火柴从焊嘴或割嘴的后面送到焊嘴或割嘴上,以免手被烧伤。

4)其他工具:

① 清理切口的工具,如钢丝刷、锤子、锉刀等。

② 连接和启闭气体通路的工具,如钢丝钳、铁丝、皮管夹头、扳手等。

③ 清理割嘴用的通针,一般为粗细不等的钢质通针一组,以便于清除堵塞割嘴的脏物。

**二、气割火焰的种类和性质**

气割火焰一般为氧和乙炔混合燃烧所形成的火焰,根据氧与乙炔的混合比不同,可得到三种不同性质的火焰,即中性焰、碳化焰和氧化焰。三种火焰的外形及火焰的温度分布各不相同,如图1-9所示。

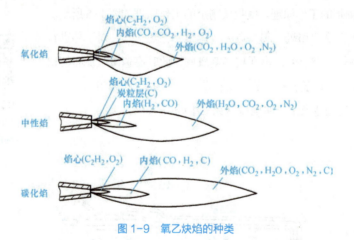

图1-9 氧乙炔焰的种类

(1)中性焰 氧和乙炔混合比(体积)为1.1~1.2时燃烧形成的火焰为中性焰。中性焰在一次燃烧区域内既无过量的氧,也无游离的碳。中性焰的焰心外表分布着乙炔分解所产生的一氧化碳微粒层,因受高温而使焰心形成光亮而明显的轮廓。在内焰处,$C_2H_2$与$O_2$燃烧形成的CO和$H_2$形成还原气氛,在与熔化金属相互作用时,能使氧化物还原。中性焰的最高温度在焰心2~4mm处,约为3050~3150℃。用中性焰焊接时主要利用内焰这部分火焰加热焊件。

（2）碳化焰　氧和乙炔混合比小于 1.1 时燃烧形成的火焰为碳化焰。碳化焰整个火焰比中性焰长，火焰中有过剩的乙炔，并分解产生游离状态的碳和氢，具有还原性。碳化焰的最高温度为 2700～3000℃。

（3）氧化焰　氧和乙炔混合比大于 1.2 时燃烧形成的火焰为氧化焰。氧化焰具有过剩的氧，火焰氧化反应剧烈，整个火焰长度缩短，内、外焰层次不清，火焰中主要有游离的氧、二氧化碳和水蒸气存在，整个火焰具有氧化性，最高温度约为 3100～3300℃。

### 三、气割原理和条件

#### 1. 气割原理

氧气切割的过程包括下列三个阶段：气割开始时，用预热火焰将金属（起割处）预热到燃点；向金属喷射出切割氧，使其燃烧；金属燃烧氧化后生成熔渣和产生反应热，熔渣被切割氧吹除，所产生的热量和预热火焰热量将下层金属加热到燃点，从而持续地将金属割穿。随着割炬的移动，便切割出所需的形状和尺寸（见图 1-10）。所以金属气割的过程实质是铁在纯氧中燃烧的过程，而非熔化过程。

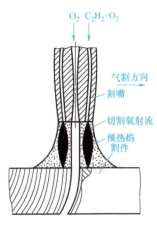

图 1-10　气割过程示意图

#### 2. 气割的条件

氧气切割的过程是预热—燃烧—吹渣过程，但并不是所有的金属都能满足这一过程的要求。进行气割的金属必须具备下述条件：

（1）金属的燃点应低于其熔点　碳的质量分数大于 0.7% 的高碳钢，由于燃点比熔点高，所以不易切割。此外，铝、铜及铸铁的燃点比熔点高，所以不能用普通氧气切割。

（2）金属气割时形成氧化物的熔点应低于金属本身的熔点　高铬钢或铬镍钢加热时，会形成高熔点（约 1990℃）的三氧化二铬；铝及铝合金加热时则会形成高熔点（约 2050℃）的三氧化二铝，所以这些材料不能用氧气切割，而只能用等离子弧切割。

（3）金属在切割氧中的燃烧应是放热反应　如气割低碳钢时，由金属燃烧所产生的热量约占 70%，预热火焰所产生的热量约占 30%，二者共同对金属进行加热，才能使气割持续进行。

（4）金属的导热性不应太高　如铝和铜的导热性较高，因而会使气割过程发生困难。

（5）金属中阻碍气割过程和提高可淬性的杂质要少　目前，铸铁、高铬钢、铬镍钢、铜、铝及其合金均由于上述原因，一般只能采用等离子弧切割。

### 四、气割工艺参数

气割工艺参数主要包括切割氧的压力、气割速度、预热火焰的能率、割嘴与工件的倾斜角度和距离等。气割工艺参数的选择正确与否，直接影响切口表面的质量。而气割工艺参数的选择主要取决于工件厚度。

#### 1. 切割氧的压力

在其他条件都确定的情况下，切割氧的压力对气割质量有极大的影响。如氧气压力不足，会引起金属燃烧不完全,这样不仅会降低气割速度,而且熔渣难以全部吹除,出现割不透的问题,而且切口的背面会有挂渣。如氧气压力太大,过剩的氧起到冷却作用,不仅会影响气割速度,而且切口表面粗糙、切口宽度加大,同时也浪费氧气。

一般选择氧气压力的依据为:随工件厚度的增大氧气压力增大,或随割嘴号码的增大氧气压力增大;氧气纯度低时,要相应增大切割氧的压力。氧气压力的选择可参照表1-3。

表1-3 钢板的气割厚度与气割速度、氧气压力的关系

| 钢板的气割厚度/mm | 气割速度/(cm/min) | 氧气压力/MPa |
| --- | --- | --- |
| 4 | 40~50 | 0.25 |
| 10 | 34~45 | 0.35 |
| 15 | 30~37 | 0.375 |
| 20 | 26~35 | 0.4 |
| 25 | 24~27 | 0.425 |
| 30 | 21~25 | 0.45 |

### 2. 气割速度

气割速度与工件厚度和使用的割嘴形状有关。工件越厚,气割速度越慢;工件越薄,则气割速度越快。气割速度过慢,会使切口边缘熔化;速度太快,会产生很大的后拖量(沟纹倾斜)或割不穿。气割速度的正确与否,主要根据切口后拖量来判断。所谓后拖量是指切割面上的切割氧流轨迹的始点与终点在水平方向的距离(见图1-11)。

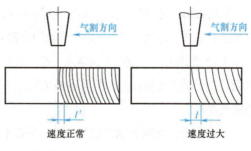

图1-11 气割速度对后拖量的影响

### 3. 预热火焰的能率

预热火焰的作用是将金属工件加热,并始终保持在氧气流中燃烧的温度,同时使金属材料表面上的氧化皮剥离和熔化,便于切割氧射流与金属化合。

预热火焰的能率以可燃气体(乙炔)每小时的消耗量来表示。预热火焰的能率与工件厚度有关。工件越厚,火焰能率越大;但火焰能率过大会使切口边缘熔化,同时造成切口的背面粘渣增多而影响气割质量。当火焰能率过小时,工件得不到足够的热量,使气割速度减慢,甚至使气割过程发生困难。

当钢板厚度较薄时,要采用较小的火焰能率。

### 4. 割嘴与工件的倾斜角度

割嘴与工件的倾角,直接影响气割速度和后拖量。当割嘴沿气割方向的相反方向倾斜一定的角度时,能将氧化燃烧产生的熔渣吹向切割线的前缘,这样可充分利用燃烧反应产生的热量来减

少后拖量，从而使气割速度提高。

割嘴倾斜角度的大小，主要根据工件厚度而定。割嘴的各种倾斜角度如图1-12所示。

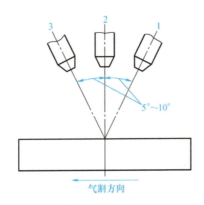

图1-12 割嘴的倾斜角

1—割嘴沿切割反向的倾角　2—割嘴垂直　3—割嘴沿切割方向的倾角

二维码1-4　割嘴与工件的倾斜角

割嘴与工件的倾斜角微课见二维码1-4。

**5. 割嘴与工件表面的距离**

在气割过程中，割嘴与工件表面的距离越近，越能提高速度和质量。但距离过近，预热火焰会将工件边缘熔化，钢板表面的氧化皮会堵塞嘴孔而造成回烧，所以割嘴与工件表面的距离不能太近。

选择割嘴与工件表面的距离时，应根据预热火焰长度和工件厚度，并使得加热条件最好。在通常情况下距离为3～5mm。

当气割的工艺参数选定后，气割质量的好坏还与钢材质量及表面状况（氧化皮等）、切口的形状（直线、曲线或坡口等）等因素有关。

### 五、回火及回火保险器

**1. 回火**

在气焊、气割工作中有时会发生气体火焰进入喷嘴内逆向燃烧的现象，称为回火。回火有逆火和回烧两种。

逆火即火焰向喷嘴孔逆行，同时伴有爆鸣声的现象，也称爆鸣回火。

回烧即火焰向喷嘴孔逆行，并继续向混合室和气体管路燃烧的现象，这种回火可能烧毁焊（割）炬、管路及引起可燃气体贮罐的爆炸，也称倒袭回火。

发生回火的根本原因是混合气体从焊（割）炬喷射孔的喷出速度小于混合气体燃烧的速度。

混合气体的燃烧速度一般是不变的，如果由于某些原因使气体的喷射速度降低时，就有可能发生回火现象。一般影响混合气体喷射速度的原因有以下几点：

1）输送气体的软管太长、太细，或者曲折太多，使气体在管内流动的阻力变大，从而降低了气体的流速。

2）焊割时间太长或者焊（割）嘴太靠近焊（割）件，使焊（割）嘴温度升高，焊（割）炬内的气体压力也增高，从而增大了混合气体流动的阻力，降低了气体的流速。

3）焊（割）嘴端面黏附了许多飞溅出来的熔化金属微粒，堵塞了喷射孔，使混合气体不能畅通地流出。

4）输送气体的软管内壁黏附了杂质颗粒，增大了混合气体流动的阻力，降低了气体的流速。

5）气体管道内存在氧-乙炔的混合气体。

**2. 回火保险器**

为了防止回火的发生，必须在乙炔软管和乙炔瓶之间装置专门的防止回火的设备——回火保险器。回火保险器的作用主要有两个：一是把倒流的火焰与乙炔瓶隔绝开来；二是在回火发生时立即将乙炔的来源断绝，等残留在回火保险器内的乙炔燃烧完后，就可使倒流的火焰自行熄灭。

回火保险器一般有水封式和干式两种，这里重点介绍干式回火保险器。中压干式回火保险器的构造如图 1-13 所示。

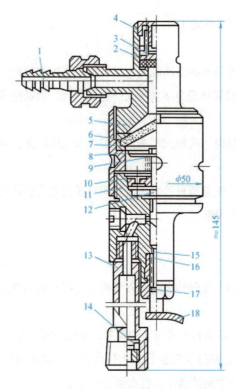

图 1-13 中压干式回火保险器

1—出气接头 2—泄气密封垫 3—调压弹簧 4—调节螺母 5—上主体
6—粉末冶金片 7—密封圈 8—承压片 9—托位弹簧 10—导向圈
11—下主体 12—阀芯 13—进气管 14—过滤片 15—复位阀杆
16—复位弹簧 17—"O"形密封圈 18—手柄

干式回火保险器的种类很多，图示回火保险器的工作原理是：正常工作时，乙炔由进气管 13

进入，经过滤片 14，清除乙炔气中的杂质，确保粉末冶金片的清洁；乙炔流经锥形阀芯 12 外围，由导向圈 10 上的小孔及承压片 8 周围的空隙中分配流出，并透过粉末冶金片 6，由出气接头 1 送出，供焊割使用。

当发生回火时，倒流的火焰从出气接头进入主体内爆炸室，使爆炸室内的压力立即升高，瞬时将泄压装置的泄气密封垫 2 打开，将燃烧气体散发到大气中，此时由于粉末冶金片的作用，制止了燃烧气体的传播，防止了回火。另外，由于爆炸气压透过冶金片作用于承压片上，带动锥形阀往下移动，阀芯上的锥体被锁在下主体 11 的锥形孔上，切断了气源，使供气停止。

### 3. 回火现象的处理

一旦发生回火（火焰爆鸣熄灭，并发出"滋滋"的火焰倒流声），应迅速关闭乙炔调节阀门和氧气调节阀门，切断乙炔和氧气的来源。当回火焰熄灭后，打开氧气阀门，将残留在焊（割）炬内的余焰和烟灰彻底吹除，再重新点燃火焰继续进行工作。若工作时间很长，焊（割）炬过热，可将其放入水中冷却，并清除喷嘴上的飞溅物，再重新使用。

## 任务实施

### 一、工作准备

#### 1. 设备与工具

氧气瓶、乙炔瓶、氧气减压器、乙炔减压器、G01-30 型割炬（含割嘴）、辅助工具（护目镜、通针、扳手、点火枪、钢丝刷、钢丝钳等），如图 1-14、图 1-15 所示。

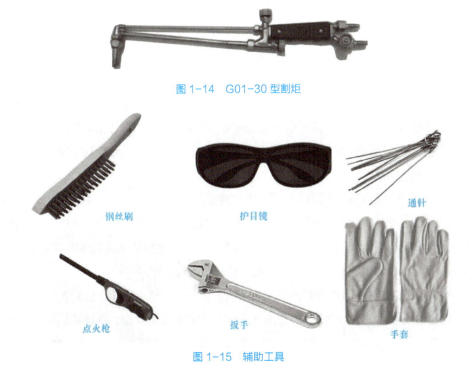

图 1-14　G01-30 型割炬

图 1-15　辅助工具

**2. 切割气体**

氧气、乙炔，如图 1-16 所示。

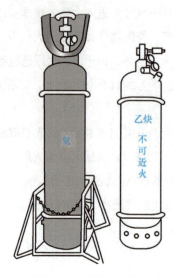

图 1-16 氧气和乙炔

**3. 试板**

采用 Q235 钢板，厚度为 6mm。

**二、工作程序**

1）检查工作场地是否符合安全要求，周围 5m 内禁止堆放易燃、易爆物品，场地内应备有消防器材，并保证足够的照明和良好的通风；氧气瓶和乙炔瓶要分开放置，距离不得小于 5m，与动火作业点需保持 10m 以上的距离。检查割炬、氧气瓶、乙炔瓶（或乙炔发生器及回火保险器）、橡胶管、压力表等是否正常，按安全操作规程将气割设备连接好。

2）将 6mm 厚的钢板用钢丝刷仔细清理表面，去除鳞皮、铁锈、尘垢及油污等，用耐火砖或者专用设备将试板垫起，试板下面留出一定的间隙，以便于散放热量和排除熔渣。切割时，为了防止操作者被飞溅的氧化铁渣烧伤，必要时可加挡板遮挡。由于水泥地面遇高温后会崩裂，因此禁止放在水泥地上切割。

3）将氧气调节到所需要的压力。对于射吸式割炬，应检查割炬是否具有射吸能力。检查的方法是：首先拔下乙炔进气软管并弯折起来，再打开乙炔阀门和预热氧阀门。这时，将手指放在割炬的乙炔进气管接头上，如果手指感到有抽力并能吸附在乙炔进气管接头上，说明割炬有射吸能力，可以使用；反之，说明割炬不正常，不能使用，应进行检查修理。

4）检查风线。方法是点燃火焰并将预热火焰调整适当，然后打开切割氧阀门，观察切割氧流（即风线）的形状。风线应为笔直、清晰的圆柱体并有适当的长度，这样才能使工件切口表面光滑干净，宽窄一致。如果风线不规则，应关闭所有的阀门，用通针或其他工具修整割嘴的内表面，使之光滑。

5）切割操作。

① 操作姿势：双脚成"八"字形蹲在试板一旁，右手握住割炬手柄，同时用拇指和食指握住预热氧阀门，右臂靠右膝盖，左臂悬空在两脚中间，左手的拇指和食指把住并控制切割氧阀门，其余手指平稳地托住混合管，左手同时起把握方向的作用，如图1-17所示。眼睛注视试板和割嘴，切割时注意观察割线，注意呼吸要均匀、有节奏。

图1-17　手工火焰操作姿势

② 预热和起割：在试板的割线右端开始预热，待预热处呈现亮红色时，将火焰略微移至边缘以外，同时慢慢打开切割氧阀门，如图1-18所示。当看到预热的红点在氧气中被吹掉，再进一步加大切割氧阀门，试板的背面飞出鲜红的氧化铁渣，说明试板已被割透；再将割炬以正常的速度从右向左移动，如图1-19所示。

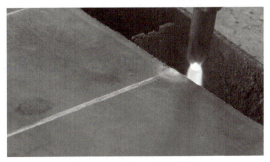

图1-18　手工火焰切割预热

③ 正常切割：起割后，即进入正常的气割阶段。整个过程中要做到：

a）割炬移动的速度要均匀，割嘴到试板表面的距离应保持一致。

b）若切口较长，气割者的身体要更换位置时，应先关闭切割氧阀门，待身体移好位置后，再对准切口的切割处重新预热起割。

图1-19　手工火焰起割

c）在气割过程中，有时会由于各种原因而出现爆鸣和回火现象，此时应迅速关闭预热氧阀门，防止氧气倒流入乙炔管内，进一步回火。如果在关闭阀门后仍然听到割炬内有嘶嘶的响声，说明火焰没有熄灭，应迅速关闭乙炔阀门。

6）停割时，应先将切割氧阀门关闭，再将割嘴从试板上移开，注意割嘴不能直接着地，如图1-20所示。

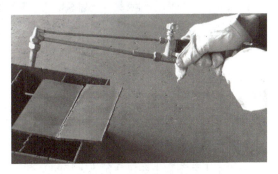

图1-20　手工火焰停割

7）工作完毕，必须关闭乙炔阀门和氧气阀门，整理好橡胶管，试板按规定堆放，清扫场地，保持整洁。最后要关闭气源、熄灭火种等，以消除有可能引起火灾、爆炸的隐患，确认安全后，方可离开。

8）注意事项。

① 薄板气割时一定要选择合适的气割工艺参数，一般采用较小的预热火焰能率、较小的气割氧压力和较快的切割速度，气割时可以将割嘴沿切割方向的反向倾斜一定的角度，以防止切割处金属过热而熔化。

② 气割风线的形状是保证气割质量的前提。

③ 气割时除了要仔细观察割嘴和切口外，同时要注意当听到"噗噗"声时为割穿，否则未割穿。

④ 工作时应常用通针疏通割嘴，割嘴过热时应浸入水中冷却。

⑤ 气割完毕要除去掉渣，并对工件进行检查。

## 任务 2　手工火焰切割 50mm 低碳钢板

### 任务解析

选择合适的割炬和割嘴、气割工艺参数，进行 50mm 低碳钢厚板手工火焰切割，并检查和分析切割质量。

### 必备知识

#### 一、50mm 低碳钢板气割工艺参数

**1. 割炬和割嘴的选择**

由表 1-2 可知，现要切割 50mm 厚的低碳钢板，应选择 G01-100 型割炬，该割炬一般可以配 1、2、3 号割嘴，割嘴型号及其技术数据见表 1-4。气割 50mm 厚的低碳钢板时要选择 3 号割嘴。

表 1-4　G01-100 型割炬用割嘴型号及其技术数据

| 割炬型号 | 割嘴号码 | 割嘴形状 | 气割厚度/mm | 切割氧孔径/mm | 气体压力/MPa | | 气体消耗量 | |
|---|---|---|---|---|---|---|---|---|
| | | | | | 氧气 | 乙炔 | 氧气/(m³/h) | 乙炔/(L/h) |
| G01-100 | 1 | 整体形（梅花形） | 10~25 | 1.0 | 0.3 | 0.001~0.1 | 2.2~2.7 | 350~400 |
| | 2 | | 25~50 | 1.3 | 0.4 | | 3.5~4.2 | 400~500 |
| | 3 | | 50~100 | 1.6 | 0.5 | | 5.5~7.3 | 500~610 |

**2. 气割工艺参数**

气割工艺参数主要包括预热火焰的能率、切割氧的压力、气割速度、割嘴倾角和割嘴与工件的距离等。气割工艺参数选择得正确与否，直接影响切口表面的质量。气割工艺参数的选择主要取决于工件厚度。

（1）预热火焰的能率　气割时，预热火焰必须能提供足够热量，满足气割加热速度的要求。一般来说，工件厚度大，预热火焰的能率也要大，但不成正比例，过大或过小都会影响气割质量，

见表1-5。此外，相同厚度的工件，气割速度越快，需要选择的预热火焰能率越大；气割速度越慢，选择的预热火焰能率越小。

表1-5 预热火焰能率对切割的影响

| 预热火焰能率 | 过小 | 过大 | 正常 |
| --- | --- | --- | --- |
| 对切割的影响 | 金属燃烧所需热量不能正常维持，易中断切割 | a.切口上边缘会出现熔化、塌角、连珠等切割缺陷<br>b.切口下部粘连、挂渣多，不易清除，尤其是薄板切割<br>c.预热火焰混合气体消耗量大 | a.能保证切割速度正常<br>b.切口细窄、光洁、整齐<br>c.无挂渣或挂渣较少<br>d.预热火焰混合气体消耗量正常 |

气割时一般应调整火焰到中性焰，同时火焰的强度要适中；或者调整为轻度碳化焰，以免切口上缘熔塌，同时也可使外焰长一些；在进行厚板气割时，预热火焰要大，气割气流长度应超出工件厚度的1/3。

（2）切割氧的压力　调整好火焰后，应当放出切割氧，检查火焰性质是否有变化。钢板越厚，切割氧的压力越大，50mm钢板的切割氧压力参照表1-4选择0.5MPa。

（3）气割速度　气割速度与工件厚度和割嘴形状有关。选定割嘴后，当工件厚度较大时，气割速度则较慢；反之则较快。气割时后拖量的现象是难免的，因此要求采用的气割速度，应以切口产生的后拖量较小为原则。此外，气割速度与切割氧压力有关，在一定范围内，切割氧压力越大，选择的气割速度越高；切割氧压力越小，选择的气割速度越低，见表1-6。

表1-6 钢板厚度与气割速度、氧气压力的关系（钢板厚度≥40mm）

| 钢板厚度/mm | 气割速度/(cm/min) | 氧气压力/MPa |
| --- | --- | --- |
| 40 | 18~23 | 0.45 |
| 60 | 16~20 | 0.5 |
| 80 | 15~18 | 0.6 |
| 100 | 13~16 | 0.7 |

（4）割嘴倾角　气割厚度大于30mm的钢板时，开始切割时割嘴应前倾10°~15°，如图1-21a所示；正常切割时逐渐将割炬直立，如图1-21b所示，直至割透，即中间的切割过程中割嘴应垂直于工件；快要割完时割嘴逐渐后倾10°~15°，直至切割结束，如图1-21c所示。

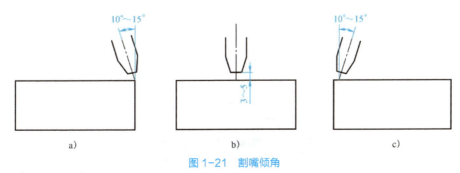

图1-21　割嘴倾角

a）起割时　　b）正常切割时　　c）切割结束时

（5）割嘴与工件的距离　气割时不能用焰心预热，以防出现渗碳，即火焰的焰心不能接触工件。因此割嘴与工件的距离应为 3～5mm。对于厚件，预热火焰的能率越大，割嘴与工件的距离应越大。

## 二、厚板火焰切割操作要点

开始切割时，先预热钢板的边缘，待切口位置出现微红的时候，即工件表面层出现将要熔化的状态时，将火焰局部移出边缘线以外，同时慢慢打开切割氧阀门。当有氧化铁渣随氧气流一起飞出时，表明已经割透，这时应移动割炬逐渐向前切割。

切割时，割嘴与被切割金属表面的距离应根据火焰焰心长度确定，最好使焰心尖端距工件 1.5～3mm，绝不可使火焰焰心触及工件表面。为了保证切口质量，在全部气割过程中，割嘴到工件表面的距离应保持一致。

切割过程中，有时因割嘴过热和氧化铁渣的飞溅，致使割嘴堵住或乙炔供应不及时，割嘴产生爆鸣并出现回火现象。这时应迅速关闭预热氧气阀门，阻止氧气倒流入乙炔管内，使回火熄灭。如果此时割炬内还在发出嘶嘶的响声，说明割炬内回火尚未熄灭，这时应迅速再将乙炔阀门关闭或迅速拔下割炬上的乙炔软管，使回火的火焰气体排出。处理完毕后，应先检查割炬的射吸能力，然后才可以重新点燃割炬。

气割过程中，若操作者需移动身体位置时，应先关闭切割氧阀门，然后移动身体位置。如果切割较薄的钢板，在关闭切割氧的同时，火焰应迅速离开钢板表面，以防止因板薄受热快，引起变形和使切口重新黏合。当继续切割时，割嘴一定要对准切口的接割处，并适当预热，然后慢慢打开切割氧阀门，继续进行切割。

切割临近终点时，割嘴应向切割前进的反方向倾斜一些，以利于钢板的下部提前割透，使收尾的切口较整齐。当到达终点时，应迅速关闭切割氧阀门并将割炬抬起，然后关闭乙炔阀门，最后关闭预热氧气阀门。如果停止工作时间较长，应将氧气阀门关闭，松开减压器调节螺丝，并将氧气胶管中的氧气放出。切割工作结束时，将减压器卸下并将乙炔供气阀门关闭。

## 三、厚板的气割质量要求

手工切割厚板的表面质量要求一般有：

1）切割表面垂直度（平面度）的偏差 $C$：指实际切割断面与被切割金属表面的垂线之间的最大偏差，或是沿切割方向垂直于切割面上的凹凸程度，如图 1-22 所示，具体数值见表 1-7。

图 1-22　切割表面垂直度的偏差 $C$

表 1-7 切割表面垂直度的偏差 C

| 板材厚度/mm | 3~20 | >20~40 | >40~63 | >63~100 |
|---|---|---|---|---|
| 垂直度偏差C/mm | 1.0 | 1.4 | 1.8 | 2.2 |

2）切割表面的粗糙度：指切割表面波纹峰与谷之间的距离，取任意5点的平均值，用 $G$ 表示，如图1-23所示。对于不重要的切割表面。一般 $G<0.35mm$，可参照各单位技术文件要求。

3）切割表面的直线度：指切割直线时，沿切割方向将起止两端连成的直线同实际切割面之间的间隙，如图1-24所示。其公差（用 $P$ 表示）由板厚 $\delta$ 和长度 $L$ 确定，一般应符合表1-8的规定。

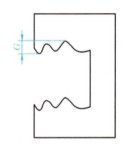

图 1-23 切割表面的粗糙度

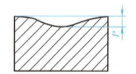

图 1-24 切割表面的直线度

表 1-8 切割表面的直线度公差　　　　　　　　　　（单位：mm）

| 板厚 $\delta$/mm | 长度L/mm | | | |
|---|---|---|---|---|
| | $L \leqslant 500$ | $500<L \leqslant 1000$ | $1000<L \leqslant 1500$ | $L>1500$ |
| >4.5~9 | 1.0 | 1.5 | 2.0 | 2.5 |
| >9 | 1.0 | 1.5 | 2.0 | 3.0 |

4）切割表面上缘熔化程度：指切割时产生塌角及形成间断或连续性熔滴及熔化条状物的程度。一般手工厚板切割连续出现熔融金属的宽度≤1.5mm，不能有较大的圆角塌边。

5）挂渣：指切割面的下缘附着铁的氧化物。一般只允许有条状挂渣，用铲刀可清除，留有少量痕迹。

### 四、调节气割火焰

**1. 气割的安全操作规程**

1）氧乙炔气割前先检查瓶阀，若有冻结，严禁用火焰烘烤或用铁器猛击；一般情况下，氧气瓶阀可用热水或蒸汽解冻，乙炔瓶阀可用40℃以下的热水解冻。

2）氧气瓶和乙炔瓶使用时必须配有合格的减压器，乙炔瓶还必须配有回火保险器。

3）氧气瓶和乙炔瓶等的减压器禁止代用。

4）安装减压器前要略打开气瓶阀门，吹除污物，以防将灰尘和水分带入减压器内。

5）开气速度和动作必须缓慢，人必须站在瓶阀的侧面。

6）氧气瓶减压器禁止与油脂接触；减压器如发现漏气、表针动作不灵等不正常现象，应及时更换；若发生冻结，应及时用热水解冻，严禁用火焰烘烤。减压器加热后必须除去其中的残留水分。

7）气瓶内的气体不得用尽，氧气瓶必须留 0.1～0.2MPa 的余气，乙炔瓶的余气与环境温度有关，温度为 0～40℃时，一般剩余压力为 0.05～0.3MPa。

8）割炬在使用前必须进行气密性、射吸性检查。

9）割炬严禁沾染油脂。

10）气割作业时必须穿戴好工作服、工作帽和护目镜等防护用品。

11）气割作业时不准在木板、木砖地上进行操作。

12）如发生回火，应立即关闭割炬的乙炔阀门和氧气阀门。

13）工作完毕，必须关闭乙炔阀门和氧气阀门，整理好橡胶管，工件按规定堆放，清扫场地，保持整洁。

14）操作结束后，应关闭气源、熄灭火种等，以消除可能引起火灾、爆炸的隐患，确认安全后，方可离开。

### 2. 气割准备

（1）检查气割场地　在 5m 范围以内禁止堆放易燃、易爆物品，场地内应备有消防器材，并保证足够的照明和良好的通风；场地 10m 内不应贮存油类，或其他易燃、易爆物质的贮存器皿或管线等。

（2）准备气割用辅助工具　如合适的护目镜，长度足够的氧气管和乙炔管，清理割嘴用的通针等。

送气软管的安装微课见二维码 1-5。

二维码 1-5　送气软管的安装

### 3. 火焰调节程序

（1）调节氧气　先用扳手开启氧气瓶阀门，开启时，焊工应站在出气口的侧面，先拧开瓶阀吹掉出气口内的杂质，再与氧气减压器连接，调节氧气压力为 0.5MPa。

（2）调节乙炔　用乙炔专用工具开启乙炔瓶阀，调节乙炔压力为 0.05MPa。

特别注意：开启和关闭瓶阀时用力不要过猛。

（3）正确握炬　右手拇指和食指握住预热氧阀门，其余三指握住割炬手柄。

（4）点燃火焰　先微微打开乙炔阀门放出少量乙炔，再微开氧气阀门放出少量氧气，然后用打火枪从喷嘴的后侧靠近点燃火焰。

（5）调节火焰　点燃火焰后，将乙炔流量适当调大，同时再将氧气流量适当调大。此时观察火焰情况，如火焰有明显的内焰，颜色较红时，为碳化焰，可适当加大氧气流量；如火焰无内焰并发出嘶嘶声时，为氧化焰，可适当减小氧气流量；如火焰的内焰较短并作轻微闪动时，为中性焰。可根据各种火焰不同的情况进行调节。

二维码 1-6　手工切割点火及火焰调节

手工切割点火及火焰调节微课见二维码 1-6。

（6）熄灭火焰　当需要将火焰熄灭时，应先将乙炔阀门关闭，再将氧气阀门关闭，也可以快速同时关闭氧气阀门和乙炔阀门。

特别提醒：在点火时，如果出现连续的"放炮"声，说明乙炔不纯，可先放出不纯的乙炔，然后重新点火；如出现不易点燃的现象，可能是氧气太多，可将氧气的量适当减少后再点火。此外，在操作中阀门调节要轻缓，不要将阀门关得过紧，以防止因磨损过快而降低割炬的寿命。

### 五、气割质量要求和常见缺陷分析

气割时要控制好气割质量，否则会影响工件的尺寸和精度。气割切口表面质量的具体要求为：

1）切口表面应光滑干净，割纹粗细要均匀。

2）气割的氧化铁挂渣要少，且容易脱落。

3）气割切口的间隙要窄，而且宽窄一致。

4）气割切口的边缘没有熔化现象，棱角完整。

5）切口应与工件平面垂直。

6）切口不歪斜。

气割常见缺陷产生的原因及防止方法见表1-9。

表1-9 气割常见缺陷产生的原因及防止方法

| 缺陷形式 | 产生原因 | 防止方法 |
| --- | --- | --- |
| 气割中断、割不透 | 1.预热火焰的能率小<br>2.切割速度太快<br>3.切割氧压力小<br>4.材料缺陷 | 1.检查氧气、乙炔压力，检查管道和割炬通道有无堵塞、漏气，调整火焰<br>2.放慢切割速度<br>3.提高切割氧压力及流量<br>4.从反面重新切割 |
| 切口过宽 | 1.割嘴号数太大<br>2.氧气压力过大<br>3.切割速度太慢 | 1.换小号割嘴<br>2.调整氧气压力<br>3.加快切割速度 |
| 后拖量过大 | 1.切割速度太快<br>2.预热火焰的能率不足<br>3.割嘴倾角不当 | 1.降低切割速度<br>2.增大预热火焰的能率<br>3.调整割嘴后倾角度 |
| 切口不直 | 1.钢板放置不平<br>2.钢板变形<br>3.风线不正<br>4.割炬操作不稳定<br>5.气割机轨道不直 | 1.检查平台，将钢板放平<br>2.切割前校平钢板<br>3.调整割嘴垂直度<br>4.尽量采用直线导板<br>5.修理或更换轨道 |
| 切口断面纹路粗糙 | 1.氧气纯度低<br>2.氧气压力太大<br>3.预热火焰的能率小<br>4.割嘴至工件的距离不稳定<br>5.切割速度不稳定 | 1.更换氧气<br>2.适当降低氧气压力<br>3.加大预热火焰的能率<br>4.稳定割嘴至工件的距离<br>5.调整切割速度，检查设备 |
| 棱角熔化、塌边 | 1.割嘴距离工件太近<br>2.预热火焰的能率大<br>3.切割速度过慢 | 1.提高割嘴高度<br>2.火焰调小或更换割嘴<br>3.提高切割速度 |
| 下缘挂渣或熔渣吹不掉 | 1.氧气纯度低<br>2.预热火焰的能率大<br>3.氧气压力太低<br>4.切割速度慢 | 1.更换氧气<br>2.更换割嘴，调整火焰<br>3.提高氧气压力<br>4.调整切割速度 |

（续）

| 缺陷形式 | 产生原因 | 防止方法 |
| --- | --- | --- |
| 气割厚度出现喇叭口 | 1. 切割速度过慢<br>2. 风线不好 | 1. 提高切割速度<br>2. 适当增大氧气流速 |
| 切口被熔渣黏结 | 1. 氧气压力小、风线太短<br>2. 切割薄板时切割速度低 | 1. 增大氧气压力，检查割嘴<br>2. 提高切割速度，调整割嘴与工件表面的夹角 |
| 割后变形严重 | 1. 预热火焰的能率大<br>2. 切割速度慢<br>3. 切割顺序不合理<br>4. 未采取工艺措施 | 1. 调整火焰<br>2. 提高切割速度<br>3. 按工艺采用正确的切割顺序<br>4. 采用夹具，选用合理的起割点等工艺措施 |
| 碳化严重 | 1. 氧气纯度低<br>2. 火焰种类不对<br>3. 割嘴距离工件近 | 1. 更换氧气<br>2. 避免碳化焰出现<br>3. 提高割嘴高度 |
| 产生裂纹 | 1. 工件含碳量高<br>2. 工件厚度大 | 1. 可采取预热及焊后退火处理方法<br>2. 预热250℃ |

## 任务实施

### 一、工作准备

**1. 设备与工具**

氧气瓶、乙炔瓶、氧气减压器、乙炔减压器、G01-100型割炬（含割嘴）、辅助工具（护目镜、通针、扳手、点火枪、钢丝刷、钢丝钳等）。

**2. 切割气体**

氧气和乙炔。

**3. 试板**

采用Q235钢板，厚度为50mm。

### 二、工作程序

1）用砂轮机打磨50mm厚的钢板表面或用火焰去除钢板表面的铁锈、鳞片、油污等，如图1-25所示，用专用设备将试板垫起。

2）点火，并调节火焰为中性焰或轻微氧化焰。先检查割炬的射吸能力和切割氧流的形状（风线形状）。打开切割氧阀门，观察风线，风线应为笔直而清晰的圆柱体，并有一定的挺度。若风线不规则，应当关闭割炬的所有阀门，用通针修整切割氧喷嘴或割嘴；若调整不好，则应更换割嘴。

图1-25 打磨钢板表面

3）切割操作。

①操作姿势。双脚成"八"字形蹲在试板一旁,右手握住割炬手柄,同时用拇指和食指握住预热氧阀门,右臂靠右膝盖,左臂悬空在两脚中间,左手的拇指和食指把住并控制切割氧阀门,其余手指平稳地托住混合管,左手同时起把握方向的作用。眼睛注视试板和割嘴,切割时注意观察割线,注意呼吸要均匀、有节奏。

②预热和起割。打开预热氧、乙炔阀门,点火后调整火焰至较大火焰能率,将割炬对准钢板边缘进行预热,如图1-26所示。因为钢板较厚,为防止起割处因预热不足而产生割不透现象,预热时将割炬向切割方向略微前倾,并向切割方向缓慢移动,如图1-27所示,直至板厚方向全部割透后,再竖直割炬并以合适的速度继续切割。

图1-26 预热

图1-27 开始切割

③切割过程中注意观察钢板底部的熔渣吹出状况,如果熔渣向后方吹出,则说明切割速度过快,后拖量较大,需放慢切割速度;如底部无熔渣吹出,且钢板表面切口处有熔渣冒出,则表明切割速度过慢,如出现未割穿现象,需关闭切割氧后重新预热切割。

④切割至末端时,放慢割炬移动速度,如图1-28所示,同时将割炬后倾一定角度,先将钢板底部割穿后,再移动割炬直至切割结束。具体操作微课见二维码1-7。

图1-28 切割至末端

二维码1-7 50mm低碳钢厚板氧乙炔手工火焰切割

4)工作完毕,必须关闭乙炔阀门和氧气阀门,整理好橡胶管,试板按规定堆放,清扫场地,保持整洁。最后要关闭气源、熄灭火种等,以消除有可能引起火灾、爆炸的隐患,确认安全后,方可离开。

## 项目总结

通过本项目的学习，学生能够根据切割工件的厚度选择合适的气割工艺参数，能够熟练进行 6mm 低碳钢板手工火焰切割和 50mm 低碳钢厚板手工火焰切割；同时能检查切割质量，分析切割常见缺陷的产生原因，并采取防止措施。

## 复习思考题

### 一、选择题

1. 割炬 G01-100，G 表示割炬，0 表示手工，1 表示射吸式，100 表示最大切割（　　）。

    A. 厚度　　　　　B. 长度　　　　　C. 宽度　　　　　D. 角度

2. 切割材料越厚，气割速度（　　）。

    A. 越慢　　　　　B. 越快　　　　　C. 不变

3. 在使用氧乙炔焰切割时，被割金属的燃点应（　　）其熔点。

    A. 高于　　　　　B. 低于　　　　　C. 不高于　　　　　D. 不低于

### 二、填空题

1. 气割的原理是_____、_____、_____三个过程的连续、重复进行的过程。
2. 气割开始前应清除工作地点附近的_____、_____，以防起火造成人身伤害。
3. 根据切割厚度来选择割炬割嘴的大小，割嘴号越_____，切割厚度越厚。

### 三、简答题

1. 一般影响混合气体喷射速度的原因有哪些？
2. 气割切口表面质量的具体要求是什么？

## 项目实训

对低碳钢板进行切割，具体要求如下：

1）材料：Q235 钢板，板厚 30mm。

2）制订合理的切割工艺。

3）如有缺陷，分析缺陷产生的原因并提出改进措施。

# 项目二
# 半自动火焰切割低碳钢板

## 项目导入

目前在锅炉压力容器、机械、船舶、钢结构、建筑等行业,经常采用半自动火焰切割设备加工厚度大于 5mm 的中厚板,以直线切割为主,同时也可以进行圆周切割、斜面切割和 V 形切割。在大部分情况下,切割后可不再进行切削加工。半自动切割操作方便,使用安全,所需辅助时间短,可以大大提高工作效率。本项目主要设置了两个生产中最常用的任务,即 12mm 低碳钢板半自动火焰的直线切割和开坡口,以锻炼学生的半自动火焰切割基本技能。

## 学习目标

1)了解半自动切割机的特点及应用。
2)掌握半自动切割的操作要点。
3)掌握半自动切割的表面质量要求。
4)能够熟练调节半自动切割设备。
5)能够选择合理的半自动气割工艺参数。
6)能够检查并分析半自动气割的质量。
7)具有遵守各项安全操作规程的良好职业道德。
8)具有克服困难的能力和良好的心理素质。

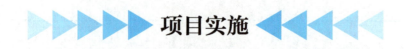

## 项目实施

### 任务1　半自动火焰直线切割12mm低碳钢板

> **任务解析**

选择合适的割嘴，连接氧气、乙炔等，组装半自动气割设备，选择合适的气割工艺参数，进行12mm低碳钢板的半自动火焰切割，并检查和分析切割质量。

> **必备知识**

#### 一、半自动气割设备的特点及使用

随着制造业的快速发展，对于有较高的曲线要求及工作量大且集中的气割工作，采用手工气割已不能适应生产的需要。因此，在手工气割的基础上逐步改革设备和操作方法，出现了使用轨道的半自动气割机、仿形气割机、高精度门式气割机等机械化气割设备。机械化气割与手工气割相比，具有气割质量好、生产率高、生产成本低和焊工劳动强度低等优点，因而在锅炉压力容器、机械、船舶、建筑等行业得到了广泛的应用。

半自动气割机是一种最简单的机械化气割设备，一般由一台小车带动割嘴在专用的轨道上自动地移动，但轨道需要人工调整。当轨道是直线时，割嘴可以进行直线气割；当轨道呈一定的曲率时，割嘴可以进行一定曲率的曲线气割；如果轨道是一根带有磁铁的导轨，小车利用爬行齿轮在导轨上爬行，割嘴可以在倾斜面或垂直面上进行气割。

半自动气割机最大的特点是轻便、灵活、移动方便。目前用得最多的是直线气割。气割设备简单，效率较高，一般情况下一名焊工可操纵一台半自动气割机。

常用的半自动气割机为CG1-30型半自动气割机，如图2-1所示。这是一种结构简单、操作方便的小车式半自动气割机，它能切割直线或圆弧，主要技术参数见表2-1。

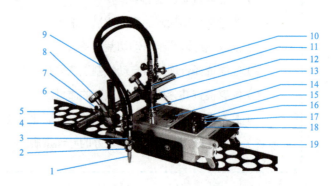

图2-1　CG1-30型半自动气割机

1—割嘴　2—割炬　3—夹持器　4—大齿条　5—导轨　6—升降手轮
7—割炬座架　8—横移手轮　9—氧乙炔管　10—氧乙炔阀　11—气体分配器　12—移动座　13—支架　14—离合器手柄　15—电源插座　16—调速旋钮　17—电源开关　18—倒顺开关　19—万向轮

表2-1　CG1-30型半自动气割机主要技术参数

| 项　　目 | 数　　值 |
|---|---|
| 气割钢板厚度 | 5～60mm |
| 割圆直径 | $\phi 200 \sim \phi 2000$mm |
| 气割速度 | 5～75cm/min（无级调速） |
| 割嘴数目 | 1～3个 |
| 电源电压 | 220V |
| 电动机功率 | 24W |
| 外形尺寸（长×宽×高） | 370mm×230mm×240mm |
| 质量 | 17kg |

机体采用铸铝外壳，机身上装有小车行走机构、气体分配器、控制板和割嘴支持架等。

行走机构由功率为24W的电动机带动，经减速器调速后，驱动主动轮带动小车行走，而从动轮在切割圆形工件时可松动固定螺母，使其自动适应转动方向。流经割嘴的氧气和乙炔由气体分配器供给，也可经过改装不经分配器而直接供给。

控制板上装有晶闸管调速电路，可以对小车的行走速度进行均匀而稳定的调节。在割嘴支持架上，安装有调节割嘴横向移动、升降移动和倾斜角度的支架，可以随时按工作要求对割嘴进行调节。

CG1-30型半自动气割机的安装微课见二维码2-1。

CG1-30型半自动气割机沿着导轨行走，就可以进行直线气割。如换上半径杆，把从动轮的固定螺母松开，使从动轮处于自由状态，小车就能进行圆周运动，切割出圆弧曲线。

二维码2-1　CG1-30型半自动气割机的安装

气割机的割炬配有三个大小不同的割嘴，在气割不同厚度的钢板时，可按照表2-2所示的工艺参数选用。

表2-2　CG1-30型半自动气割机割嘴大小与工艺参数

| 割嘴号码 | 工件厚度/mm | 氧气压力/MPa | 乙炔压力/MPa | 气割速度/（cm/min） |
|---|---|---|---|---|
| 1 | 5～20 | 0.25 | 0.02 | 50～60 |
| 2 | >20～40 | 0.3 | 0.025 | 40～50 |
| 3 | >40～60 | 0.35 | 0.035 | 30～40 |

### 二、半自动气割机操作要点

1）根据气割工件的厚度选择割嘴和气体压力。

2）检查气割工件和号料线是否符合要求，并清除切口两侧30～50mm内的铁锈、油污。

3）气割前应手推小车在导轨上运行，检查导轨两头是否对齐，调整割嘴位置或导轨，确保在小车运行过程中割嘴对准号料线。切割线与号料线的允许偏差为±1.5mm。

4）气割前还应在试验钢板上进行试切割，以调整火焰、氧气压力、小车行走速度等，并检查风线是否为笔直而清晰的圆柱体。CG1-30型半自动气割机的调试微课见二维码2-2。

5）当氧气瓶的气压低于工作压力时，必须停机换瓶。

6）气割时，先加热钢材边缘至赤红，再开启切割氧阀门，使钢材急剧燃烧并穿透钢材底部后才可让小车移动。

二维码2-2　CG1-30型半自动气割机的调试

7）气割焊接坡口时，要根据坡口角度要求偏转割嘴，且割速要比垂直气割时慢，氧气压力应稍大。

8）对于较薄的板件，割嘴不应垂直于工件，需倾斜一定角度，且速度要快，预热火焰能率要小。

9）切割过程中发生回火时，应先关乙炔阀，后关切割氧阀。

10）气割时发现割嘴堵塞，应及时停机并清理。

11）切割完毕应清除残渣，并对工件进行检查。

### 三、半自动气割质量要求

半自动气割时，手工划线宽度一般不大于0.5mm，交角处圆角半径大于或等于1.0mm。切割后的表面质量有一定的要求。

1）切割表面垂直度的偏差，根据产品的重要性来确定，一般要求见表2-3。

表2-3　板材厚度与切割表面垂直度的偏差

| 板材厚度/mm | 3~20 | >20~40 | >40~63 | >63~100 |
| --- | --- | --- | --- | --- |
| 切割表面垂直度的偏差/mm | 0.2~1.0 | 0.3~1.4 | 0.4~1.8 | 0.5~2.2 |

2）切割表面的粗糙度要求可参照表2-4。

表2-4　板材厚度与切割表面的粗糙度

| 板材厚度/mm | 3~20 | >20~40 | >40~63 | >63~100 |
| --- | --- | --- | --- | --- |
| 切割表面的粗糙度/mm | 0.05~0.13 | 0.06~0.155 | 0.07~0.185 | 0.085~0.225 |

3）切割表面的直线度要求见表1-8。

4）切割表面上缘的熔化程度，一般要求最好看不出熔融金属，或者熔融金属的宽度≤1.2mm。

5）挂渣要求附着的粗粒熔滴可自动剥离，不留痕迹；或者即使有挂渣，也要容易清除，不留痕迹。要求不高时可以有少量的条状挂渣，用铲刀可清除，留有少量痕迹。

## 任务实施

### 一、工作准备

#### 1.设备与工具

CG1-30型半自动气割机、氧气瓶、乙炔瓶、氧气减压器、乙炔减压器及气割辅助材料（扳手、通针、护目镜）等，如图2-2所示。

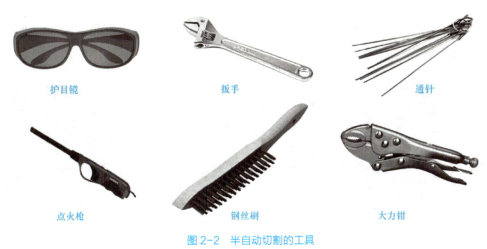

图 2-2 半自动切割的工具

## 2. 切割气体

氧气、乙炔。

## 3. 试板

采用 Q235 钢板,板厚为 12mm,长×宽为 300mm×250mm,要切割成 300mm×125mm,两块。

## 二、工作程序

1)将半自动切割小车及导轨安置好,检查导轨是否平直,将需要切割的钢板沿轨道方向放置(长度方向与轨道平行)。

2)清除切口两侧 30~50mm 内的铁锈、油污等。钢板底部用耐火砖垫起或使用专门的气割工装设备夹持,如图 2-3 所示。

3)将割嘴倾斜角度调整为 90°,垂直于试板表面,再根据钢板位置在横向和垂直方向调节割嘴位置,使割嘴至钢板表面的距离为 3~5mm,如图 2-4 所示。

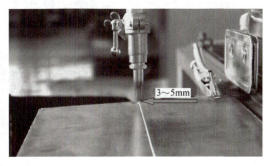

图 2-3 钢板底部用专门的气割工装设备夹持　　图 2-4 割嘴垂直于试板表面

4)检查电路连接,接通电源;检查连接氧气和乙炔的软管是否连接可靠,调节气体阀门,保持氧气和乙炔的工作压力分别为 0.3MPa 和 0.03MPa。

5)在割嘴处点火(正式切割前先调试切割风线,若风线不佳,应当用通针修整;若修整不好,则应更换割嘴),调整火焰即可进行气割(注意:乙炔阀打开后,应马上点火,防止乙炔气进入机身内）。

调节火焰大小，然后预热，当预热到一定温度时（表面呈橘红色），打开切割氧阀，如图2-5所示，喷出切割氧，同时打开单刀开关，小车滚轮沿着轨道运行，开始切割，如图2-6所示。

图2-5 打开切割氧阀

图2-6 开始切割

6）切割完毕（图2-7）时，关闭切割氧阀，同时关闭预热火焰阀门，接着关闭行走单刀开关，将小车停下。

7）检查钢板的切割情况，去除钢板背面的氧化铁挂渣。切口表面应整齐、光滑、无沟槽、无边缘熔化和未割穿现象，如图2-8所示。

图2-7 切割完毕

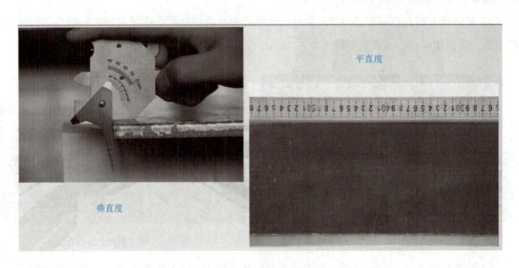

图2-8 切割后检查

8）工作完毕，必须关闭所有阀门，关闭气源和电源，试板按规定堆放，清扫场地，保持整洁，如图2-9所示。最后要确认没有可能引起触电、火灾等隐患后，方可离开。

特别提醒：

1）安置的小车导轨应当略高于钢板所在平面。

2）切割过程中在保证割穿的情况下，应尽量加快小车行走速度。

3）若遇到割不穿问题时，可适当加大切割氧气的工作压力。

4）控制半自动切割质量的关键是选择合理的气割工艺参数。

图 2-9　清扫场地

# 任务 2　半自动火焰切割开坡口 12mm 低碳钢板

## 任务解析

根据实际坡口角度的要求和切割厚度选定割嘴号码和气割工艺参数，调整割嘴火焰角度，进行 12mm 低碳钢板半自动火焰切割开坡口，并检查和分析切割质量。

## 必备知识

### 一、气割工艺参数

很多需要焊接的碳钢会采用半自动火焰切割开坡口。对于同样厚度的钢板，开坡口时，因为火焰不是垂直加热，表面温度低，切割氧带走的热量也较多，会降低表面温度，所以气割工艺参数需要选用比垂直切割时较大的预热火焰能率。具体的气割工艺参数可以参考表 2-2。

### 二、半自动火焰切割开坡口质量

切割表面的垂直度（平面度）偏差、粗糙度、直线度和表面上缘熔化程度要求和直线切割时一样，还需要特别检查的有：

1）切割面角度 α 的偏差（a），如图 2-10 所示，检查数值等级可以参照表 2-5 的规定。

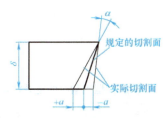

图 2-10　切割面角度偏差

表2-5 半自动火焰切割面角度偏差a　　　　　　　（单位：mm）

| 角度范围 | 等级 | 板厚 | | | |
|---|---|---|---|---|---|
| | | ≤25 | >25~50 | >50~100 | >100~200 |
| α≤30° | I | 1.5 | 1.5 | 2.0 | 2.5 |
| | II | 2.0 | 2.5 | 3.0 | 4.0 |
| 30°<α<45° | I | 2.2 | 2.2 | 3.0 | 3.8 |
| | II | 3.0 | 3.8 | 4.5 | 6.0 |

2）坡口（倒角）β的偏差（b和c），如图2-11所示，检查数值等级可以参照表2-6的规定。

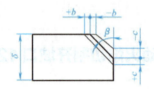

图2-11 坡口（倒角）的偏差

表2-6 坡口（倒角）偏差　　　　　　　（单位：mm）

| 符号 | 角度范围 | 板厚 | | | |
|---|---|---|---|---|---|
| | | ≤25 | >25~50 | >50~100 | >100~200 |
| ±b | β<15° | 2.5 | 2.5 | 2.5 | 2.5 |
| ±c | | 4.0 | 4.0 | 4.0 | 4.0 |
| ±b | 15°≤β≤30° | 2.5 | 2.5 | 2.5 | 2.5 |
| ±c | | 3.5 | 3.5 | 3.0 | 3.0 |
| ±b | 30°≤β≤45° | 3.0 | 2.5 | 2.5 | 2.5 |

### 三、其他半自动气割机简介

半自动气割机是按人为规定的轨迹进行切割的设备，在这种设备中，由电动机和调速机构来控制气割速度。前面已经介绍了CG1-30型半自动气割机，下面简单介绍其他几种半自动气割机。

**1.CG1-30A型小车式精密气割机**

CG1-30A型小车式精密气割机采用双割炬同时切割，小车采用集成电路无级调速，行走稳定；能进行直线和坡口切割；使用半径架、定位针等附件，利用滚轮绕圆心旋转可以切割圆形工件。其主要技术数据见表2-7。

表2-7 CG1-30A型气割机的主要技术数据

| 型号 | 机身外形尺寸/(mm×mm×mm) | 输入电压与频率/(V/Hz) | 切割钢板厚度/mm | 切割速度/(mm/min) | 切割圆直径/mm | 机器总质量/kg |
|---|---|---|---|---|---|---|
| CG1-30A | 470×230×250 | AC220/50 | 5~100 | 50~100 | 200~2000 | 38 |

图 2-12 所示为 CG1-30A 型气割机的外形。为了提高小车行走的稳定性,两轨道间采用网板连接;其他结构与 CG1-30 型气割机相同。气割机的机身采用高强度铝合金压铸而成。整机横移架、升降架等结构精确;割炬、气体分配器、压力开关工作可靠。

图 2-12　CG1-30A 型气割机

### 2.HW(1K)-12 型甲虫式气割机

HW(1K)-12 型甲虫式气割机也属于小车式切割机。但小车的体积较小,结构设计紧凑、轻便,便于携带,整机质量只有 10kg;由于小车采用机械调速,因此能在高温条件下连续工作。该机不仅能进行直线和坡口切割,配备圆盘轨道后还可以进行不同直径的圆形工件切割,在配备专用曲线轨道的情况下,还可以切割形状更复杂的曲线。其主要技术数据见表 2-8。

表 2-8　HW(1K)-12 型甲虫式气割机的主要技术数据

| 型号 | 机身外形尺寸/<br>(mm×mm×mm) | 切割钢板厚度/mm | 切割速度/(mm/min) | 电动机转速/<br>(r/min) |
| --- | --- | --- | --- | --- |
| HW(1K)-12 | 350×140×175 | 5~50 | 150~800 | 1500 |

图 2-13 所示为 HW(1K)-12 型甲虫式气割机的外形。图 2-14 所示为该机切割圆形工件时的工作情况。为了提高小车行走的稳定性,两轨道间采用网板连接;气割机机身采用高强度铝合金压铸而成。

图 2-13　HW(1K)-12 型甲虫式气割机

图 2-14　HW（1K）-12 型甲虫式气割机在圆形轨道上行走

**3. 多头直条气割机**

在生产中，有时在钢板上有多条平行的割线，采用以上的各种气割机则效率不佳，如果机器上能有多个割炬，能同时将多条切口一次切割完毕，则既能提高生产效率，又能减轻劳动强度，是最理想的，此时可以使用多头直条气割机来完成。

CGD 系列小车式多头直条气割机可以根据需要采用多割炬同时切割，小车采用晶闸管无级调速，行走稳定；主要用于多条直线切割，也能进行坡口切割；一般不用于切割曲线（圆）形工件。其主要技术数据见表 2-9。

表 2-9　CGD 系列小车式多头直条气割机的主要技术数据

| 型号 | 有效割炬/个 | 切割宽度/mm | 机器总质量/kg |
| --- | --- | --- | --- |
| CGD3-100 | 3 | 1000 | 35 |
| CGD4-100 | 4 | 1100 | 40 |
| CGD5-100 | 5 | 1300 | 50 |

图 2-15、图 2-16 和图 2-17 所示为 CGD 系列小车式气割机的外形。小车结构与 CG1-30 型气割机基本相同。只是根据割嘴的数量而配备相应的气体分配器。

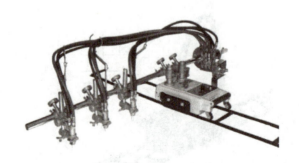

图 2-15　CGD3-100 型小车式多头直条气割机

图 2-16　CGD4-100 型小车式多头直条气割机

图 2-17　CGD5-100 型小车式多头直条气割机

**4. 双轨多头直条气割机**

CGD 系列多头直条气割机的割炬一般不能超过 5 个,再多则影响工作的稳定性。CG1 系列双轨多头直条气割机,由于采用了双轨,大大增加了机器的工作稳定性,并可以增加更多的割嘴,使其一次切割的条数更多,精确度更高,切口的表面粗糙度值可达 $Ra12.5\mu m$。CG1-2500 型双轨多头直条气割机如图 2-18 所示。

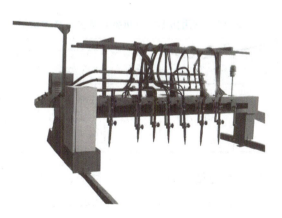

图 2-18　CG1-2500 型双轨多头直条气割机

CG1 系列双轨多头直条气割机采用双轨支撑,双轨同时驱动,集成电路无级调速,行走稳定;能同时进行 10 条直线的切割。其主要技术数据见表 2-10。

表 2-10　CG1 系列双轨多头直条气割机的主要技术数据

| 型号 | 轨距/mm | 轨道长度/mm | 有效割炬/个 | 切割钢板厚度/mm | 切割速度/(mm/min) | 机身外形尺寸/(mm×mm×mm) | 机器总质量/kg |
|---|---|---|---|---|---|---|---|
| CG1-2500 | 2500 | 10000 | 10 | 5~50 | 50~1000 | 2800×800×900 | 150 |
| CG1-2500A | 2500 | 10000 | 10 | 5~50 | 50~1000 | 2800×800×900 | 170 |
| CG1-4000 | 4000 | 10000 | 10 | 5~50 | 50~1000 | 4300×800×900 | 200 |
| CG1-4000A | 4000 | 10000 | 10 | 5~50 | 50~1000 | 4300×800×900 | 230 |
| CG1-6000 | 6000 | 10000 | 10 | 5~50 | 50~1000 | 6300×800×900 | 250 |
| CG1-6000A | 6000 | 10000 | 10 | 5~50 | 50~1000 | 6300×800×900 | 290 |

为了提高整机工作的稳定性，两条导轨应精确安装，导轨与轮子的横向窜动不得超过 2mm，并且在整个行程中间隙基本不变。整机有 10 个割炬，可以同时工作；型号后带 A 的，装有一个纵向割炬。

**5. CG2-150 型仿形气割机**

仿形气割机是一种高效率的半自动气割机。可以方便而又精确切割出各种形状的零件。其原理是以电磁滚轮沿钢质样模滚动，割嘴与滚轮同心并沿轨迹运动，从而切割出与样模相同的各种零件。这种设备适用于低、中碳钢板的切割，可作为大批生产同一种零件切割工作时使用。常用仿形气割机型号及主要技术数据见表 2-11。

表 2-11　常用仿形气割机型号及主要技术数据

| 型号 | 结构形式 | 切割厚度/mm | 切割速度/(mm/min) | 切割直线长度/mm | 切割最大尺寸/mm | 割圆直径/mm | 电源电压/V | 电动机功率/W |
|---|---|---|---|---|---|---|---|---|
| CG2-150 | 摇臂 | 5~50 | 50~750 | 1200 | 400×900<br>500×500<br>450×750 | φ600 | 220 | 24 |

CG2-150 型仿形气割机的构造见图 2-19，主要由底座、主轴、基臂、电气箱、主臂、割炬调节手轮、割炬组件、割炬夹持手柄、调速旋钮等部分组成。

**6. 手扶式半自动气割机**

手扶式半自动气割机具有价格低、质量小、操作灵活、移动方便的特点。图 2-20 所示为手扶式半自动气割机的一种。这种气割机主要用于切割厚度为 50mm 以下的各种工件及焊接坡口（坡口角度不大于 45°），具有手工气割的灵活性。

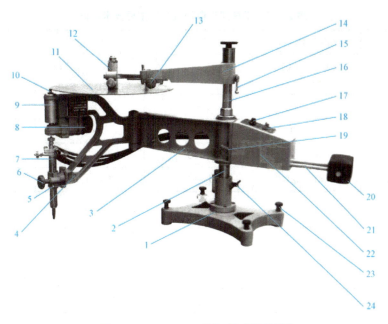

图 2-19 CG2-150 型仿形气割机的构造

1—底座 2—主轴 3—基臂 4—主臂 5—割炬夹持手柄 6—割炬调节手轮 7—割炬组件 8—伺服电动机 9—磁滚轮 10—磁性头 11—样板 12—样板架 13—水平调节手柄 14—型臂 15—型臂夹持手柄 16—联接管 17—调速旋钮 18—顺逆开关 19—机体紧定螺钉 20—平衡锤 21—平衡锤支杆 22—电气箱 23—底座调节螺钉 24—主轴锁紧螺钉

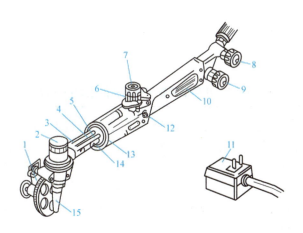

图 2-20 手扶式半自动气割机

1—垂直切割驱动装置 2—锁紧旋钮 3—燃气管 4—切割氧管 5—预热氧管 6—驱动开关 7—切割氧阀 8—预热氧阀 9—燃气阀 10—保险管 11—交流/直流转换器 12—进退转换按钮 13—电动机 14—万向联轴节 15—割嘴

工作时气割机由电动机驱动，切割导向由操作者控制。配上小型导轨后也能切割直线。表 2-12 列出了部分国产手扶式半自动气割机的主要技术数据。

表 2-12 手扶式半自动气割机主要技术数据

| 型号 | QGS-13A-I | GCD2-150 | CG-7 | QG-30 |
|---|---|---|---|---|
| 电源电压/V | 220（AC）或12（DC） | 220（AC） | 220（AC）或12（DC、0.6A） | 220（AC） |
| 氧气压力/kPa | 200～300 | — | 300～500 | — |
| 乙炔压力/kPa | 49～59 | — | ≥30 | — |
| 切割厚度/mm | 4～60 | 5～150 | 5～50 | 5～50 |
| 割圆直径/mm | 30～500 | 50～1200 | 65～1200 | 100～1000 |
| 切割速度/(mm/min) | — | 5～1000 | 78～850 | 0～760 |
| 外形尺寸/(mm×mm×mm) | — | 430×120×210 | 480×105×145 | 410×250×160 |
| 气割机质量/kg | 2 | 9 | 4.3 | 6.5 |
| 备注 | — | 配有1m导轨 | 配有长0.6m导轨 | — |

#### 7. 管子气割机

管子气割机是专门切割管子的半自动气割机，用于切割外径大于100mm的钢管，其结构主要有切割小车和卡环导轨两大部分。小车的底部有四个永久磁轮，能牢固地吸附在钢管上，由驱动电动机带动绕管子爬行，卡环导轨用于小车导向。

常用的管子气割机有CG2-11型（图2-21）和SAG-A型，其主要技术数据见表2-13。

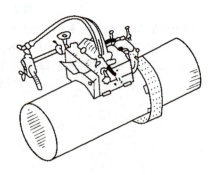

图 2-21 CG2-11 型管子气割机

表 2-13 几种常用管子气割机的主要技术数据

| 型号 | CG2-11 | SAG-A | | 型号 | CG2-11 | SAG-A |
|---|---|---|---|---|---|---|
| 适用钢管直径/mm | ≥108 | ≥108 | 驱动电动机 | 型号 | 70SZ08 | — |
| 管子壁厚/mm | 5～50 | 5～70 | | 功率/W | 80 | 60 |
| 切割速度/(mm/min) | 0～750 | 100～600 | | 磁轮吸附力/N | >490 | >490 |
| 切割精度/mm | <0.5/周 | <0.5/周 | | 总质量/kg | 14.5 | 11 |
| 电源 | 220V，50Hz，AC | | | 外形尺寸/(mm×mm×mm) | 350×240×220 | 250×180×140 |

### 四、半自动气割机使用中应注意的问题

1）使用各种半自动气割机，其速度的确定都要经过试验。由于速度调整旋钮的刻度不能准确地表示切割速度，因此每一台机器在使用之前都应进行切割试验，以确定最佳的工艺参数。

2）小车式气割机的轨道必须保持清洁，如果有切割挂渣必须及时清除，以防止影响切割的顺利进行。

3）仿形气割机的磁性滚轮必须保持清洁，不能有铁末，更不能有大块铁屑，因此每次切割前应注意清理磁性滚轮。

4）使用割圆的气割机时，应注意调整好三条腿的高度。三条腿的高度是否合适，主要表现在圆周内各点割嘴与工件的间隙是否一致。如有的地方间隙大，有的地方间隙小，则需要调整。必须保证割嘴与工件的间隙不变。

5）由于气割机都使用220V电源，如果漏电，焊工的触电危险性就很大，故必须要做好接地保护。尤其是使用手扶式切割机，更要做好接地保护。

6）管子气割机不可用于过小直径钢管的切割。在切割椭圆形管子时，椭圆的最小曲率半径不得小于小车允许的最小工作半径。

### 五、半自动气割机常见切割质量问题及原因分析

半自动气割机比手工切割的质量稳定得多，但如果操作不当也会出现一些质量问题。表2-14列出了一些常见的质量问题及其产生的原因。

表2-14　半自动切割常见的质量问题及产生原因

| 型号 | 质量问题 | 产生原因 |
| --- | --- | --- |
| CG1-30型线气割机 | 切口偏离切割线 | 1）导轨安装位置不正确<br>2）切割操作时将轨道碰偏 |
| | 切口上部熔塌 | 1）切割速度（小车行走速度）过慢<br>2）预热火焰能率过高 |
| | 切口太宽 | 1）割嘴选择不当（太大）<br>2）割嘴风线不好<br>3）割嘴安装不牢，工作时有摆动 |
| | 局部割不透 | 1）导轨不清洁，使割嘴上下抖动<br>2）导轨或滚轮有机械损伤<br>3）切割速度太快或不稳 |
| | 切口不直 | 割嘴安装不牢，工作时有振动 |
| | 割不透或后拖严重 | 1）切割速度太快<br>2）割嘴孔径选择过小 |
| CG2-150型仿形气割机 | 工件形状与图样不一样 | 1）样板制作错误<br>2）磁性滚轮直径补偿计算不对 |
| | 外圆上角熔塌 | 内靠模的圆角半径较小，导致割嘴移动速度比滚轮慢得太多 |
| | 内圆角割不透 | 内靠模的圆角半径较小，导致割嘴移动速度比滚轮快 |
| | 工件边缘不整齐 | 磁性滚轮表面吸附有铁屑 |
| 手扶式半自动气割机 | 切割面不整齐 | 操作技术不好，手扶不稳 |
| | 有的地方未割透 | 工件表面不干净，使割嘴距工件的高度时高时低 |
| | 切口上缘熔塌 | 火焰能率太高，或是切割速度太慢 |
| 管子气割机 | 气割机在管子上吸不住 | 1）管壁太薄，导致吸力太小<br>2）磁性滚轮磁力下降<br>3）管子直径太小，使小车车体碰到管子，磁铁接触不牢 |

（续）

| 型号 | 质量问题 | 产生原因 |
|---|---|---|
| 管子气割机 | 有的地方割不透 | 1）磁性滚轮上吸有大块铁屑<br>2）气割速度快<br>3）氧气供气压力不稳 |
| | 管子外缘熔塌 | 1）切割速度太慢<br>2）预热火焰能率过大 |
| | 切口太宽 | 1）割嘴风线不好<br>2）割嘴孔径选择过大 |
| | 切割面不整齐 | 1）割嘴安装不牢固<br>2）磁性滚轮上吸有铁屑，使机体振动 |

## 任务实施

### 一、工作准备

**1. 设备与工具**

CG1-30型半自动气割机、氧气瓶、乙炔瓶、氧气减压器、乙炔减压器及气割辅助材料（扳手、通针、护目镜）等。

**2. 切割气体**

氧气、乙炔。

**3. 试板**

采用Q235钢板，板厚为12mm，长×宽为300mm×250mm，要切割成300mm×125mm（两块），坡口面角度为30°，如图2-22所示，与板平面成60°。

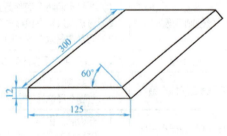

图2-22 气割试板坡口

### 二、工作程序

1）将半自动切割小车及导轨安置好，检查导轨是否平直，将需要切割的钢板沿轨道方向放置（长度方向与轨道平行）。

2）清除切口两侧30～50mm内的铁锈、油污等。钢板底部用耐火砖垫起或使用专门的气割工装设备。

3）因为要切割30°的坡口，将割嘴倾斜角度调整为与工件表面成60°，如图2-23和图2-24所示，再根据钢板位置调节割嘴与钢板表面的距离为3～5mm，如图2-25所示。

4）检查电路连接，接通电源；检查连接氧气和乙炔的软管是否连接可靠，并调节气体阀门，氧气和乙炔的工作压力比垂直切割时略大，分别为 0.3～0.35MPa 和 0.03～0.035MPa，预热火焰能率比垂直切割时略大。

5）在割嘴处点火（正式切割前先调试切割风线，若风线不佳，应当用通针修整；若修整不好，则应更换割嘴），调整火焰即可进行气割（注意：乙炔阀打开后，应马上点火，防止乙炔气进入机身内）。

调节火焰大小，然后预热，如图 2-26 所示；当预热到一定温度时（表面呈橘红色），打开切割氧阀，如图 2-27 所示，喷出切割氧，同时打开单刀开关，小车滚轮沿着轨道运行，开始切割。

6）切割完毕时，关闭切割氧阀，同时关闭预热火焰阀门，接着关闭行走单刀开关，将小车停下，如图 2-28 所示。

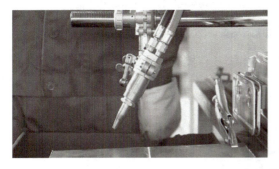

图 2-23　割嘴倾斜角度（一）

图 2-24　割嘴倾斜角度（二）

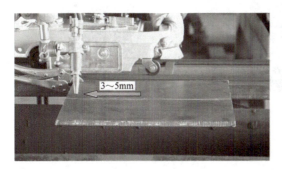

图 2-25　割嘴位置

图 2-26　预热

图 2-27　打开切割氧阀

图 2-28　切割完毕

7）检查钢板的切割情况，去除钢板背面的氧化铁挂渣。切口表面应整齐、光滑、无沟槽、无边缘熔化和未割穿现象，切割后检查如图2-29所示。

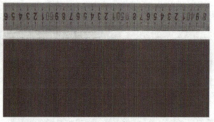

图2-29 切割后检查

8）工作完毕，必须关闭所有阀门，关闭气源和电源，工件按规定堆放，清扫场地，保持整洁，如图2-30所示。最后要确认没有可能引起触电、火灾等隐患后，方可离开。

操作微课见二维码2-3。

图2-30 清扫场地

二维码2-3 12mm低碳钢板半自动开坡口切割

**特别提醒：**

1）安置的小车导轨应当略高于钢板所在平面。

2）切割过程中在保证割穿的情况下，应尽量加快小车行走速度。

3）若遇到割不穿问题时，可适当加大切割氧气的工作压力。

4）控制半自动切割质量的关键是选择合理的气割工艺参数。

## 项目总结

通过本项目的学习，学生能够进行12mm低碳钢板半自动火焰切割，能够熟练操作半自动气割机进行开坡口，并制订合理的切割工艺参数。

## 复习思考题

### 一、填空题

1. 常用的半自动气割机为_____型半自动气割机。
2. 半自动气割机最大的特点是_____、_____、_____。
3. 半自动气割时,手工划线宽度一般不大于_____,交角处圆角大于或等于_____。
4. CG1-30型线气割机常见的质量问题有_____、_____、_____、_____、_____、_____。

### 二、简答题

1. 简述半自动气割操作的要点。
2. 半自动气割机在使用过程中应注意哪些问题?

## 项目实训

对30mm厚的低碳钢板采用半自动火焰切割开坡口,制订详细的切割工艺。

# 项目三
## 数控火焰切割加工备料

### 项目导入

　　数控火焰切割技术是在精密快速切割工艺基础上发展起来的一项自动化的高效切割技术。数控火焰切割技术的重要部分是数控切割机，数控切割机由数控系统、编程系统、气路系统及机械运行系统等部分组成，与传统手动和半自动切割相比，数控切割通过数控系统即控制器提供的切割技术、切割工艺和自动控制技术，有效控制和提高切割质量和切割效率。本项目包含两个工作任务，主要使学生掌握数控火焰切割的原理及特点，熟悉数控火焰切割设备的组成及操作方法，掌握基本的数控编程；培养学生正确操作数控火焰切割设备直线切割下料、数控编程切割复杂平面图形及数控火焰切割设备维护的能力。本项目的学习以手工和半自动火焰切割为基础将数控编程系统及数控切割内容融入教学内容当中，提升学生使用火焰切割加工的能力。教学中建议采用项目化教学，学生以小组的形式完成任务，培养学生自主学习、与人合作、与人交流的能力。

### 学习目标

1）了解数控火焰切割技术的基本原理。
2）理解数控火焰切割设备的结构及工作原理。
3）掌握数控火焰切割设备的使用方法。
4）能够调试和选择切割火焰。
5）能够正确操作数控火焰切割设备。
6）能够正确调节数控火焰切割参数。
7）能够进行数控火焰切割编程操作。
8）能够进行不规则平面形状数控火焰切割。
9）具有进行数控火焰切割操作及切割质量控制的能力素质。

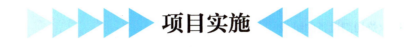

## 项目实施

### 任务 1　数控火焰直线切割 12mm 低碳钢板

**任务解析**

本任务通过对 12mm 低碳钢板的切割下料，使学生了解数控火焰切割的原理及特点；掌握数控火焰切割设备的组成及操作方法；能够正确进行回原点、点火、调节火焰、设置切割方向和切割速度，以及控制切割过程等；培养学生独立使用数控火焰切割设备进行试板直线切割下料的能力。

**必备知识**

#### 一、数控火焰切割的原理及应用

在机械加工过程中，板材切割常用方式有手工切割、半自动切割机切割及数控切割机切割。数控切割机切割相对手动和半自动切割方式来说，可有效地提高板材切割的效率、切割质量，减轻操作者的劳动强度。

数控切割机是由人根据图样和数控装置的规定，编写出切割程序，由计算机根据程序的要求进行运算，使割嘴沿图样要求的轨迹运动进行切割。数控切割机使切割领域进入了高科技自动化阶段，仅就数控火焰切割机而言，它不仅使气割技术实现了自动点火、自动调高、自动穿孔、自动切割、自动冲打标记、自动喷粉划线等全过程自动化控制，而且还因表面切割质量和尺寸精度高，可以保证工件一次加工成形。

随着现代机械加工业的发展，对切割质量、精度要求的不断提高，对提高生产率、降低生产成本、具有高智能化的自动切割功能的要求也在提升，数控切割机的发展必须要适应现代机械加工业发展的要求。从现在几种通用数控切割机的应用情况来看，数控火焰切割机的功能及性能已比较完善。数控火焰切割机切割具有大厚度碳钢切割能力，而且切割速度较快，切割精度高、效率高、效果好，在冶金、电力设备、锅炉、石油化工和半导体等工业领域得到广泛的应用。火焰切割（气割）原理在项目一中已经讲述了，此外不再赘述。数控火焰切割机具有以下特点：

1）能完成直线、坡口、V 形坡口、Y 形坡口切割，配备专用割圆半径杆装置，还可以实现圆周切割。

2）能同时安装两套或三套割炬，同时可以切割两条或三条直线，使切割效率提高。

3）采用先进的数控技术，通过编程能够切割任意复杂平面形状的零件，可实现 CAD 图形转换直接切割。

4)体积小、重量轻、成本低、效率高、操作简单,特别适合于中、小企业对金属钢板的下料要求。

## 二、数控火焰切割设备的组成

### 1. 系统总体结构

数控火焰切割机由机械部分、气路部分及计算机控制部分组成,结构图如图 3-1 所示。机械部分包括纵向导轨(底架)、横向导轨(或横梁)、纵向传动箱及横向传动箱,各部分共同组成可实现 $X$ 方向(横向)及 $Y$ 方向(纵向)二维移动的结构,从而可在计算机的控制下按给定的线速度走出任意形状的轨迹。

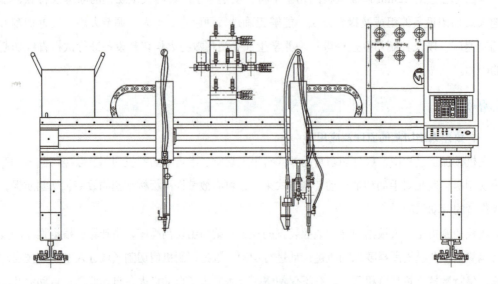

图 3-1 数控火焰切割机整体结构

### 2. 气路系统

气路系统包括各供气管路、阀门、减压器、压力表及电磁阀。各气路的通断均预先调好,由控制系统统一控制实现自动通断。机器供气、供电系统包括燃气、氧气,如需要还包括压缩气、水等,以及工厂电网向机器供电的电缆,可能还有信号电缆、等离子弧电缆和接地电缆。供电和供气通过电缆和软管馈入机器中。

二维码 3-1 数控火焰切割机的开机

数控火焰切割机的开机微课见二维码 3-1。

### 3. 机械运行系统

机械运行系统由横梁、机座、减速机构、升降机构等组成。由于实现了自动控制,因此对机械运行系统的精度提出了更高的要求,从而使切割成为机械加工的一种工艺方法。

(1)纵向门架 这部分由两个相同的端架及它们所支撑的横梁组成,是纵向移动机械结构的基础件。两侧端架同时也是滚轮的护罩,端架沿纵向导轨移动。横梁为焊接箱型结构,横梁是门架不可分割的一部分,梁上安装横向驱动装置和割炬横向移动导轨,沿导轨有分度值为 1mm 的钢尺(选择)。在副横梁上可装置多组直条割炬,可用于直形板条下料。机器有一对相同的纵向驱动装置,两个分开的驱动单元位于端架凹处的摇臂上。

(2)横向驱动装置及钢带装置  主割炬的横向运动是通过横梁上齿条的直线运动实现的,其他割炬横向移动时,横向驱动装置带动夹在钢带上的割炬移动装置做同向或镜像运动。系列机一般为轴向运动,横向进给是在纵向进给的基础上叠加而成的,所要求的切割几何形状是通过纵、横向驱动配合获得的。

### 4. 割炬装置

割炬装置由割炬升降装置和割炬夹持器组成。单割炬升降装置在横向导轨上运行,配有钢带夹紧装置。割炬升降装置通过钢带同主驱动装置相连,从而实现上下移动。电动割炬高度调节和割炬电容式调高控制单元安装在割炬装置上的防尘金属箱体内,通过电动机驱动升降滑块在直线导杆上上下滑动,实现割炬高度上下调节(调节范围为200mm)。割炬结构如图3-2所示。在切割过程中,割炬的高低通过电容式感应控制单元自动进行调整,手控马达调节通过主控制面板进行控制。电容式自动调高系统如图3-3所示。

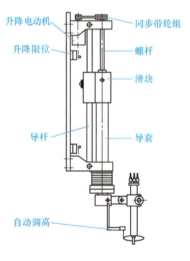

图3-2  割炬结构图　　　　　　　图3-3  电容式自动调高系统

1)手动/自动开关:用于测试进入自动调高控制时割嘴距离钢板的自动调节高度。在割炬下方合适位置放置钢板,按下自动开关,割炬自动升或降并停止于某自动调节的高度。此时再调整高度调节旋钮,割炬高度发生变化。以此方法将割炬调至合适高度,当设备进入自动切割时,控制系统将按此时割嘴距离钢板的距离进行自动调高控制。当高度调节范围不合适时,需要通过调节最低高度调节旋钮来调整。此时先将高度调节旋钮调到最小,再调节最低高度调节旋钮,并使传感环与钢板的距离为10mm左右。传感环安装时一般应高出割嘴端部5mm左右。

2)上/下开关:用于非自动调高状态下割嘴的高度调节。

3)高度调节旋钮:用于自动状态下调整感应环和钢板之间的距离。

**5. 流体控制系统**

每台切割机均有自己独立的流体控制系统，主要由减压系统、穿孔装置（选项）和流体分配器组成。流体控制系统构成如图3-4所示。

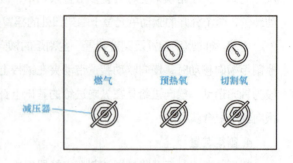

图3-4 流体控制系统构成

1）减压系统主要由氧气、燃气专用减压阀和压力表组成，根据不同的切割工艺的需要，在气路操作面板上可方便地进行系统的压力调整。

2）流体分配器主要用于对割炬及其他辅助功能的流体进行控制，在控制面板上可进行操作。

每组割炬上均装有氧气、燃气回火保险器，可有效地防止因回火而造成的管路损坏或其他伤亡事故的发生，故在使用过程中要定期检查回火保险器，如发现有损坏，要及时更换新的回火保险器。

### 三、数控火焰切割主要技术参数

**1. 工作压力**

在切割机上均有切割氧、预热氧、燃气三种调压阀，通过这些阀可方便地控制氧和燃气的工作压力。调整各减压阀时，必须打开割炬上相应的手控阀来调整所需的工作压力。工作压力不合理将会造成切割效率低或切割表面不佳等缺陷。

**2. 切割速度和燃气压力**

操作人员应根据切割材料的性质选择合适的切割速度、燃气消耗量、压力等参数。同时铁锈、灰尘及氧化层会使切割效率降低，火焰调节不正确也会使得切割速度和质量发生偏差。

**3. 加热焰的调节**

打开预热氧阀和燃气阀，点燃喷出的混合气体，调整好合适的加热焰，如图3-5所示。

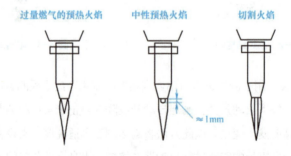

图3-5 数控火焰切割火焰调节

切割薄板时必须用弱加热焰，切割厚钢板时需用较强的加热焰。如果切割边缘开始熔化，有残余滴挂或形成一串熔化小球，则说明加热太强。切割时，加热焰太弱会噼啪作响，会引起切口损坏，甚至回火；如果加热焰调节合适，切割氧射流就显得干净锋利。

数控火焰切割机的火焰调节微课详见二维码 3-2。

### 4. 切割氧射流的调节

切割氧射流质量好坏是获得良好切口的决定因素，如果切割氧射流正好位于加热火焰的中间，并能很容易看见几乎完全是圆锥形状的切割氧射流，说明切割氧射流调节正确。如果切割氧射流离开割嘴后呈扫帚样散开，或者完全看不清，这是切割氧割嘴堵塞的现象，此时应清洗割嘴，并且只可使用制造厂家推荐的通针，因为使用不适当的工具会导致割嘴不必要的损伤，从而影响切割质量。氧气不足时，火焰太长且不稳定；氧气适量时，火焰中心有一束明亮的蓝色圆锥火焰；氧气过量时，火焰短而微弱。

二维码 3-2　数控火焰切割机的火焰调节

### 5. 割嘴和工件之间的距离

获得良好的切割质量的一个重要因素是在割嘴和工件之间设定正确的间距。当初级火焰（火焰的焰心）的顶端在工件上大约 1mm 时，是割嘴理想的间距。割嘴与工件的间距取决于割嘴号的大小，采用乙炔时，间距为 3～10mm；采用其他燃气时，间距为 4～20mm。采用不同气体时割嘴与工件间距的近似值见表 3-1。

表 3-1　采用不同气体时割嘴与工件间距的近似值

| 切割厚度/mm | 6～10 | 10～25 | 25～50 | 50～100 | >100 |
|---|---|---|---|---|---|
| 乙炔割嘴与工件的间距/mm | 3～5 | 4～6 | 5～7 | 6～9 | 8～10 |
| 丙烷割嘴与工件的间距/mm | 4～7 | 5～9 | 6～12 | 8～16 | 12～20 |

### 6. 预热时间

从钢板边缘开始切割或穿孔所需的预热时间，要根据燃气的类型、钢板的表面质量及加热焰的调节来决定。表 3-2 中括号内所示的数值，适用于在钢板上穿孔时的参考时间。如果采用高压预热系统，预热时间可减少大约 40%。预热时间可在控制系统中设置。

表 3-2　平均预热时间的参照值

| 切割厚度/mm | | 6～20 | >20～50 | >50～100 |
|---|---|---|---|---|
| 平均预热时间/s | 乙炔 | 4～6(20～40) | 7～9(40～60) | 9～11(70～90) |
| | 丙烷 | 7～9(25～45) | 9～11(45～65) | 13～15(70～90) |

### 7. 穿孔预热循环

每个切割过程从全自动预热循环开始，选中所用割炬后按"加热火焰开"按钮或执行 CNC 切割开始指令。开始切割前，操作人员应在控制面板预选切割是从板边缘开始还是用穿孔方法开始。

加热火焰开启后，加热火焰中心气体和氧气流应随压力增加而打开。割炬点火后预热时间开始计时。当预热结束后立刻提升割炬；孔穿透后自动调高装置关闭。数控火焰切割工艺参数见表 3-3。

表 3-3　数控火焰切割工艺参数

| 序号 | 切割厚度/mm | 切割速度/(mm/min) | 燃气压力/MPa | 预热氧压力/MPa | 切割氧压力/MPa | 切割氧消耗量/(m³/h) |
|---|---|---|---|---|---|---|
| 1 | 5～10 | 700～500 | ≥0.03 | 0.3～0.5 | 0.7～0.8 | 1.0～1.5 |
| 2 | >10～20 | 600～380 | ≥0.03 | 0.3～0.5 | 0.7～0.8 | 2.0～2.5 |
| 3 | >20～40 | 500～350 | ≥0.03 | 0.3～0.5 | 0.7～0.8 | 3.2～3.7 |
| 4 | >40～60 | 420～300 | ≥0.03 | 0.3～0.5 | 0.7～0.8 | 5.2～5.7 |
| 5 | >60～100 | 320～200 | ≥0.03 | 0.3～0.5 | 0.7～0.8 | 7.5～8.0 |
| 6 | >100～150 | 260～140 | ≥0.04 | 0.3～0.5 | 0.7～0.8 | 10.4～11.0 |

## 四、数控火焰切割机操作规程

**1. 上机操作前注意事项**

1）检查各路气管、阀门，不允许有泄漏，检查气体安全装置是否有效。

2）检查所提供入口气体压力，如氧气与乙炔压力表的压力值，如图 3-6 所示。

图 3-6　氧气与乙炔压力表的压力值

3）压力检查正常后，按逆时针方向打开数控火焰切割机支路的氧气和乙炔阀门，如图 3-7 所示，注意阀门开度不能太小，以防止切割过程中供气量不足。

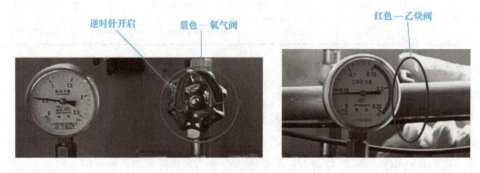

图 3-7　氧气和乙炔阀门

4）打开电源开关。将切割机电控箱面板上的橘黄色电源开关顺时针方向旋转，打开数控火焰切割机电源，如图3-8所示。

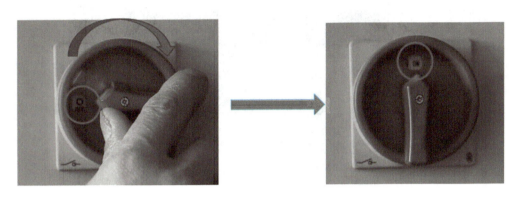

图3-8　橘黄色电源开关

5）电源开启后，数控系统进入开机自检状态；自检完成后，显示操作界面，完成开机操作，如图3-9所示。各操作开关及按钮功能如图3-10所示。

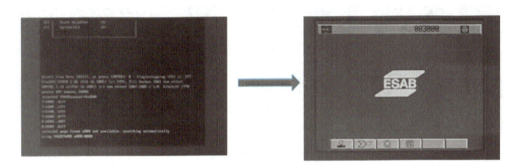

图3-9　操作界面

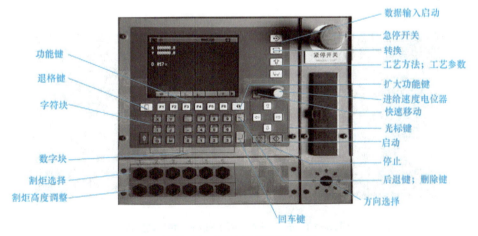

图3-10　各操作开关及按钮功能

6）开机后归零。数控火焰切割机开机后，必须先进行归零操作，在找到参考点后，方可进行正常操作。未归零点前，按归零点以外的其他功能键都会出现警示窗，如图 3-11 所示。

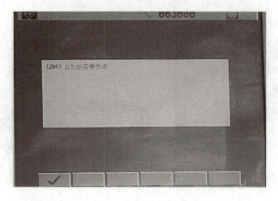

图 3-11　警示窗

按下功能键"F1"取消警示窗后，按下显示屏右侧窗口的转换按钮，进入归零点界面，如图 3-12 所示。

图 3-12　归零点界面

如图 3-13 所示，按下功能键"F4"，然后再按下绿色启动按钮，机床开始沿 $Y$ 轴方向以 3000mm/min 的速度运行。

图 3-13　按下"F4"键后再按下绿色启动按钮

当机床运行到即将靠近限位开关时，通过调节速度进给电位器降低机床运行速度，以防止因为速度过快而冲出行程，如图3-14所示。

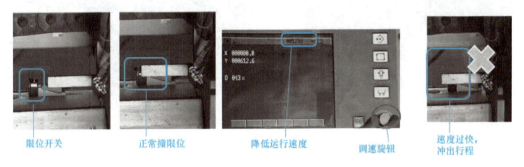

图3-14　限位操作

$Y$轴限位开关动作后，机床自动沿$Y$轴方向行走，此时如果限位块和限位开关距离较远，可以适当调快行走速度；当限位块即将靠近限位开关时，应降低速度，以防止因为速度过快而冲出行程，如图3-15所示。

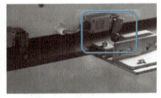

图3-15　调节行走速度

$Y$轴限位开关动作后，机床沿$Y$轴方向移动，先向远离限位开关的方向移动，等限位开关给出信号后反方向移动；再次触碰限位开关后，限位开关给出信号，$Y$轴方向归零；随后进行$X$轴方向归零，如图3-16所示。

图3-16　归零操作

数控火焰切割机归零操作完成后，进入正常操作界面。先选择行走方向，再按下绿色启动按钮，机床则按设定方向和速度离开零点，如图3-17所示。

 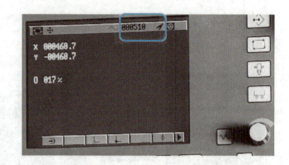

图 3-17 正常操作界面

7) 操作切割割炬。必须注意,机器移动前,需先检查切割台上是否有其他堆放物或翘起的切割废料。如有,必须清除这些异物后,机器才能移动。这样可防止割炬撞上障碍物而造成割炬弯曲或其他部件损坏。在出厂前,每把割炬都经过逆燃安全检查。如果用脏的或损坏的割炬进行切割,就会失去安全性,在这种情况下,可能会发生火焰回逆到割炬的情况,其现象是:火焰突然消失,割炬头中发出尖哮声或咝咝声。如果发生这种情况,应立即关闭燃气阀,接着关闭预热氧阀和切割氧阀,并请专门人员进行检查,查明回火原因后方能重新点火。点火前要将管路和割炬中的烟灰吹除。

8) 关闭切割割炬。当一个工作程序结束后,需要关闭割炬时,必须按照下列次序关闭阀门:切割氧、燃气、预热氧。提升割炬,然后移动机器进行下一个切割程序。

**2. 工作中的操作规程**

1) 调整被切割的钢板,尽量使钢板与轨道保持平行。将钢板清扫干净,除去氧化皮。

2) 根据板厚和材质,选择适当的割嘴。请用两把扳手安装割嘴,确保割炬火口螺纹处没有明火。

3) 根据不同板厚和材质,重新设定机器中的切割速度和预热时间,设定预热氧、切割氧的合理压力。

4) 数控火焰切割机的点火。按显示屏右侧窗口的工艺方法按钮,进入火焰切割操作界面,如图3-18所示。

图 3-18 进入火焰切割操作界面

顺时针方向拧动调压阀手柄,调节切割氧、预热氧、乙炔的压力至正常工作压力,如图3-19所示。

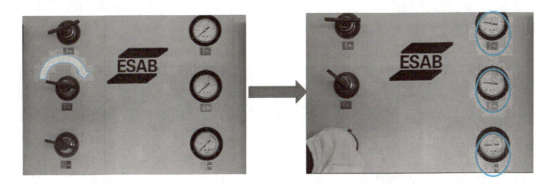

图 3-19　拧动调压阀手柄

从右往左依次打开点火乙炔阀门、预热乙炔阀门、切割氧阀门和预热氧阀门,注意预热氧阀的开度必须控制在1/2圈左右,如图3-20所示。

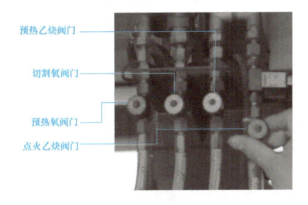

图 3-20　打开阀门

在切割机控制面板下方有两排开关,上面一排是割炬选择开关,共有六个,可以控制六套割炬的开启和关闭。本台设备只配置一把割枪,所以只有1号开关处于开启状态,其余开关均处于关闭状态;下面一排开关控制对应割炬的高度,如图3-21所示。

图 3-21　割炬选择开关

如图 3-22 所示，按下功能键"F5"，开始点火，此时自动跟枪功能自动打开，割嘴下降，同时点火乙炔电磁阀、预热氧电磁阀、预热乙炔电磁阀均打开，自动点火装置开始工作，火花塞两电极间开始放电，可以清楚听见"啪啪"的放电声。点火过程中注意控制割嘴高度，防止割嘴高度过低导致触碰钢板。

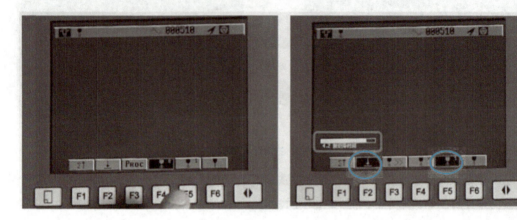

图 3-22 开始点火

当显示屏显示预热时间时，说明点火过程已经完成。如果割嘴没有火焰出现，则说明点火失败，原因主要包括以下几个方面：

① 设备长期不用。

② 两个乙炔阀门中有一个开度太小。

③ 高压帽工作异常，火花塞不点火。

④ 点火点位置不对。

按下功能键"F4"，关闭所有开启的电磁阀，然后按下功能键"F5"，重新点火，伴随着响亮的"啪"的一声，火焰被点燃；继而火花塞放电停止，点火乙炔电磁阀自动关闭，切割机自动进入预热状态，如图 3-23 所示。

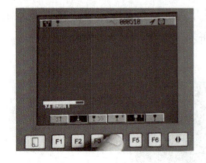 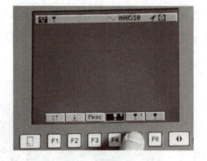 

图 3-23 点火操作

5）火焰调节。点火完成后，切割机处于预热状态，先按下功能键"F2"，关闭自动跟枪功能；当预热时间结束后，会自动打开切割氧，进行切割过程。要关闭切割氧自动打开功能，只需要连续按压两次功能键"F6"即可,如图3-24所示。

图3-24　自动跟枪操作及切割氧自动打开操作

观察火焰,判断火焰性质和火焰能率大小,根据切割的钢板厚度调节火焰能率,并把火焰调整为中性焰,如图3-25所示。

图3-25　火焰调节

按下功能键"F6",打开切割氧阀门,观察切割氧射流线是否挺直;如果切割氧射流线呈歪斜或者喇叭状,则需按下功能键"F4",关闭火焰,清理或者更换割嘴,如图3-26所示。

图3-26　观察切割氧射流线

关闭火焰后,为方便操作,可将割炬升起至一定高度,并移出切割机平台,用通针清理割嘴,如图3-27所示。若清理达不到效果,则需要更换割嘴。

图 3-27　清理割嘴

6）切割时，应尽量采取飞溅小的切割方法，以保护割嘴。切割开始点火时，割嘴与钢板的距离不能太近。调整合理的预热时间。切割过程中割嘴与钢板的距离保持在 10mm 左右。

7）切割过程中调整机器的切割速度，调整至切割钢板时火焰切割钢板有"卟、卟"声音为止。

8）切割完毕，检查、测量被切割零件的表面粗糙度和尺寸，应符合生产要求。

9）切割过程中发生回火现象时，应及时切断电源，停机并关闭气体阀门。回火阀片如被烧化，应停止使用，等待厂家或专业人员进行更换。

10）操作人员上机时，要时刻注意设备运行状况，如发现有异常情况，应按动急停开关，及时退出工作位，严禁开机脱离现场。

11）切割完一个工件后，应将割炬提升回原位，运行到下一个工位时，再进行切割。

12）操作人员应按规定给定的切割要素选择切割速度，不允许单纯为了提高工效而增大设备负荷；机器以中低速限位，注意处理好设备寿命与效率和环保之间的关系。

13）桥吊在吊物运行时，不准经临轨道上空，禁止跨梁而过。

### 3. 数控切割机保养

1）轨道不允许人员站立、踏踩、靠压重物，更不允许撞击，导轨面每个面用压缩空气除尘后用纱布蘸 20# 机油擦拭。随时保持导轨面润滑、清洁。

2）传动电动机输出齿轮以及传动齿条，用 20# 机油清洗，不允许齿条上有颗粒飞溅物。

3）梁上齿条板用纱布蘸 20# 机油擦拭。割炬提升主轴采用二硫化钼润滑油每周加油清洗一次。

4）梁上尘埃应及时吹除，割炬间传导钢带只许用干净纱布擦拭，不允许用油布。

5）操作人员只允许拆卸割嘴，其余零件不能随意拆卸；电气接线盒只有在有关人员检修时方能打开。

6）定期清理点火器中火花塞上的积炭。

7）严禁私自拆机检查。

# 任务实施

## 一、工作准备

### 1. 试板

采用 Q235 钢板,试板尺寸为 12mm×2000mm×2000mm,一块;清理试板中间的油、锈及其他污物,以便调试设备时使用,如图3-28所示。

### 2. 切割气体

氧气和乙炔。

### 3. 工具

手套、护目镜、钢丝刷等设备调试过程中所需的工具。

图 3-28 清理钢板表面

## 二、工作程序

1)把试板摆放于切割支架上,按照所需工件的尺寸在试板上进行划线,如图3-29所示,并注意调整试件的平整度与直线度。

2)接通电源,开启数控火焰切割设备。

3)开通切割气体(氧气和乙炔),并调节气体流量。

图 3-29 按照要求划线

4)进入操作主界面,选择功能键"F4"回原点,调节行走速度为 1000mm/min,完成 $X$ 轴和 $Y$ 轴的回零操作。

5)选定割炬,设定割炬运动方向,按下启动按钮,使割炬运动到试板中央;调整割嘴与试板的距离为 3~10mm。

6)校准钢板位置。割嘴移动到钢板另一端后,观察割嘴中心是否对准加工线,如果偏斜,则用撬棍调整钢板位置;调整钢板位置后将割嘴移动至起始端,复查割嘴中心线是否在所划的加工线上,如图3-30所示。

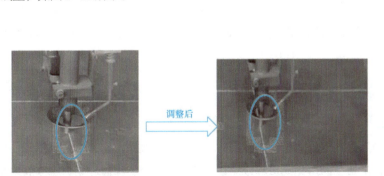

图 3-30 调整钢板位置

7）进入切割界面，按下点火按钮点燃火焰，并调节火焰为中性焰，准备切割。

8）将割炬移动到待切割工件的边缘进行预热，如图3-31所示。预热时间与切割方式、板材厚度、点火点位置等多种因素有关，可按经验设定。在预热过程中，可根据实际预热情况，随时增、减预热时间。

9）待工件边缘温度足够时，在操作界面按下开启切割氧功能键，同时按下"启动"按钮开始切割。注意一定要先调整好割炬运动方向和切割速度。

数控火焰切割机的自动跟枪切割微课见二维码3-3。

图3-31 预热

二维码3-3 数控火焰切割机的自动跟枪切割

10）工件切割完毕后在操作界面按下"停止"按钮，割炬会自动升起；然后调整割炬运动方向和割嘴与工件的距离，进行下一个工件的切割。

## 任务2 不规则平面形状切割20mm低碳钢板

### 任务解析

本任务通过对20mm厚低碳钢板不规则平面形状切割下料，使学生熟悉数控火焰切割工艺，掌握数控火焰切割参数的调节方法，能够正确设置预热时间、穿孔时间，设定不同平面形状，以及编制数控程序进行不规则平面形状的切割下料，并能够掌握数控火焰切割质量控制方法，保证切割质量。

### 必备知识

#### 一、数控火焰切割工艺

切割精度是指被切割的工件几何尺寸与其图样尺寸之间的误差关系。切割质量是指工件切割断面的表面粗糙度、切口上边缘的熔化塌边程度、切口下边缘是否有挂渣和切口宽度的均匀性等。

**1. 火焰切割的三个基本要素**

（1）气体

1）氧气。氧气是可燃气体燃烧时所必需的，为达到钢材的燃点温度提供所需的能量；另外，氧气是钢材被预热达到燃点后进行燃烧所必需的。切割钢材所用的氧气必须要有较高的纯度，一般要求在 99.5% 以上，一些先进国家的工业标准要求氧气纯度在 99.7% 以上。氧气纯度每降低 0.5%，钢板的切割速度就要降低 10% 左右。如果氧气纯度降低 0.8%～1%，则不仅切割速度下降 15%～20%，切口也随之变宽，切口下端挂渣多且清理困难，切割断面质量亦明显变差，气体消耗量也随之增加。显然，这不仅降低了生产效率和切割质量，生产成本也就明显地增加了。

采用液氧切割，虽然一次性投资大，但从长远看，其综合经济指标比想象的要好得多。

气体压力的稳定性对工件的切割质量也是至关重要的。波动的氧气压力将使切割断面质量明显变差。气压压力是根据所使用的割嘴类型、切割的钢板厚度而调整的。切割时如果采用了超出规定数值的氧气压力，并不能提高切割速度，反而使切割断面质量下降，挂渣较难清理，增加了切割后的加工时间和费用。

2）可燃性气体。火焰切割中，常用的可燃性气体有乙炔、煤气、天然气、丙烷等，国外有些厂家还使用 MAPP，即甲烷+乙烷+丙烷。一般来说，燃烧速度快、燃烧值高的气体适用于薄板切割；燃烧值低、燃烧速度缓慢的可燃性气体更适用于厚板切割，尤其是厚度在 200mm 以上的钢板，如采用煤气或天然气进行切割，将会得到理想的切割质量，只是切割速度会稍微降低一些。相比较而言，乙炔比天然气要贵得多，但由于资源问题，在实际生产中，一般多采用乙炔气体，只有在切割大厚板且切割质量要求较高以及资源充足时，才考虑使用天然气。

3）火焰的调整。通过调整氧气和乙炔的比例可以得到三种切割火焰：中性焰、氧化焰和碳化焰。中性火焰的特征是在其还原区没有自由氧和活性炭；有三个明显的区域，焰心有鲜明的轮廓（接近于圆柱形）。焰心的成分是乙炔和氧气，其末端呈均匀的圆形和光亮的外壳。外壳由赤热的炭质点组成。焰心的温度达 1000℃。还原区处于焰心之外，与焰心的明显区别是它的亮度较暗。还原区由乙炔未完全燃烧的产物———一氧化碳和氢组成，还原区的温度可达 3000℃ 左右。外焰即完全燃烧区，位于还原区之外，由二氧化碳和水蒸气、氮气、氧气组成，其温度在 1200～2500℃ 之间变化。氧化焰是在氧气过剩的情况下产生的，其焰心呈圆锥形，长度明显地缩短，轮廓也不清楚，亮度是暗淡的；同样，还原区和外焰也缩短了，火焰呈紫蓝色，燃烧时伴有响声，响声大小与氧气的压力有关，氧化焰的温度高于中性焰。如果使用氧化焰进行切割，将会使切割质量明显恶化。碳化焰是在乙炔过剩的情况下产生的，其焰心没有明显的轮廓，焰心的末端有绿色的边缘，因此可按照有无绿色的边缘来判断是否有过剩的乙炔；其还原区异常明亮，几乎和焰心混为一体；外焰呈黄色。当乙炔过剩太多时，开始冒黑烟，这是因为在火焰中乙炔燃烧缺乏必需的氧气。

预热火焰的能量大小与切割速度、切口质量关系相当密切。随着被切工件板厚的增大和切割速度的加快，火焰的能量也应随之增强，但又不能太强，尤其在切割厚板时，金属燃烧产生的反应热增大，加强了对切割点前沿的预热能力，这时过强的预热火焰将使切口上边缘严重熔化塌边。

预热火焰太弱时，又会使钢板得不到足够的能量，造成切割速度降低，甚至造成切割过程中断。所以预热火焰的强弱与切割速度之间是相互制约的。一般来说，切割厚度为200mm以下的钢板时，使用中性焰可以获得较好的切割质量。在切割大厚度钢板时，应使用碳化焰预热切割，因为碳化焰的火焰比较长，火焰的长度应至少是板厚的1.2倍以上。

（2）切割速度 钢板的切割速度是与钢材在氧气中的燃烧速度相对应的。在实际生产中，应根据所用割嘴的性能参数、气体种类及纯度、钢板材质及厚度来调整切割速度。切割速度直接影响切割过程的稳定性和切割断面质量。人为地调高切割速度来提高生产率和用减慢切割速度来改善切割断面质量，都是很难实现的，只能使切割断面质量变差。过快的切割速度会使切割断面出现凹陷和挂渣等质量缺陷，严重的有可能造成切割中断；过慢的切割速度会使切口上边缘熔化塌边、下边缘产生圆角、切割断面下半部分出现水冲状的深沟凹坑等。通过观察熔渣从切口喷出的特点，可调整合适的切割速度。

（3）割嘴距工件表面的高度 在钢板火焰切割过程中，割嘴距工件表面的高度是决定切口质量和切割速度的主要因素之一。不同厚度的钢板，使用不同参数的割嘴，应调整相应的高度。为保证获得高质量的切口，割嘴距工件表面的高度在整个切割过程中必须保持基本一致。

**2. 切割引线**

为保证工件切割质量，一般不在工件轮廓上直接安排穿透点（即打火点），而是使穿透点离开工件一段距离，经过一段切割线后再进入工件轮廓，这段线通常被称为切割引线或引入线。引入线的长度由材料的厚度和所采用的切割方法来确定，一般来讲，引线的长度随厚度增加而加长。引入线的安排应注意如下几点：

1）在不影响穿孔和切割的情况下，引入线应尽可能地短，其引入方向应与切割机运行方向尽可能保持一致。在穿孔时，飞溅的熔渣应不飞向切割机，而应飞向切割机运行的反方向。

2）引入线在切割工件内腔时的安排。

① 直引线。在实际切割中，直引线最为常用，但在切割起、终点处容易遗留一个凹痕和小尾巴，如图3-32a所示。内腔是方形时，直引线一般从某一角切入，如图3-32b所示；圆形内腔一般没什么要求。

② 圆引线。如果切割接点的质量要求较高，最好采用圆引线，如图3-33a所示。

3）在切割工件外形时，在安排引入线时，一般采用直引线，如图3-33b所示。

4）设计引入线时，还应尽可能减少材料浪费，有时需配合套料综合考虑。

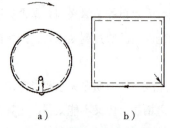

a)    b)

图3-32 数控火焰切割直引线引入方法

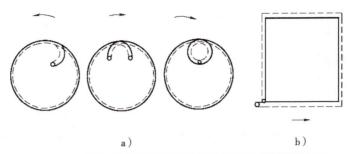

图 3-33 数控火焰切割圆引线引入方法及外形切割时的直引线

#### 3. 热变形的控制

在切割过程中，由于对钢板的不均匀的加热和冷却，材料内部应力的作用将使被切割的工件发生不同程度的弯曲或移位——即热变形，具体表现是形状扭曲和切割尺寸偏差。由于材料内部应力不可能平衡和完全消除，所以只能采取一些措施来设法减少热变形。

#### 4. 钢板表面预处理

钢板从钢铁厂经过一系列的中间环节到达切割车间，钢板表面难免产生一层氧化皮。再者，钢板在轧制过程中也会产生一层氧化皮（附着在钢板表面）。这些氧化皮熔点高，不容易燃烧和熔化，增加了预热时间，降低了切割速度；同时经过加热，氧化皮四处飞溅，极易对割嘴造成堵塞，降低了割嘴寿命。所以，在切割前，很有必要对钢板表面进行除锈预处理。

常用的方法是抛丸除锈，之后喷涂防锈。即将细小铁砂用喷丸机喷向钢板表面，靠铁砂对钢板的冲击力除去氧化皮，再喷上阻燃、导电性好的防锈涂料。

钢板切割之前的除锈喷涂预处理已成为金属结构生产中一个不可缺少的环节。

### 二、数控火焰切割质量缺陷与原因分析

在实际火焰切割过程中，经常会产生各种质量缺陷，一般有如下几种：边缘缺陷、切割断面缺陷、挂渣和裂纹等。而造成质量缺陷的原因很多，如果氧气纯度保证正常，设备运行正常，那么造成火焰切割质量缺陷的原因主要表现在如下几个方面：割炬、割嘴、钢材本身质量和钢板材质。

#### 1. 上边缘切割质量缺陷

（1）上边缘塌边

现象：边缘熔化过快，造成圆角塌边。

原因：

1）切割速度太慢，预热火焰太强。

2）割嘴与工件之间的距离太大或太小；使用的割嘴号太大，火焰中的氧气过剩。

（2）水滴状熔豆串（图 3-34）

现象：在切割的上边缘形成一串水滴状的熔豆。

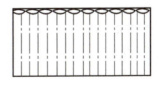 

图 3-34 水滴状熔豆串

原因：

1）钢板表面锈蚀或有氧化皮。

2）割嘴与钢板之间的距离太小，预热火焰太强。

3）割嘴与钢板之间的距离太大。

（3）上边缘塌边并呈现房檐状（图3-35）

现象：在切口上边缘形成房檐状的凸出塌边。

图3-35　工件上边缘塌边

原因：

1）预热火焰太强。

2）割嘴与钢板之间的距离太小。

3）切割速度太慢；割嘴与工件之间的距离太大，使用的割嘴号偏大，预热火焰中的氧气过剩。

（4）切割断面的上边缘有挂渣（图3-36）

现象：切口上边缘凹陷并有挂渣。

图3-36　切割断面上边缘挂渣

原因：

1）割嘴与工件之间的距离太大，切割氧的压力太高。

2）预热火焰太强。

**2. 切割断面凹凸不平**

（1）切割断面上边缘下方有凹形缺陷（图3-37）

现象：在切割断面上边缘处有凹陷，同时上边缘有不同程度的熔化塌边。

图3-37　切割断面上边缘凹形缺陷

原因：

1）切割氧的压力太高。

2）割嘴与工件之间的距离太大；割嘴有杂物堵塞，使风线受到干扰而变形。

（2）切口从上向下收缩（图3-38）

现象：切口上宽下窄。

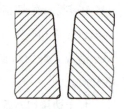

图3-38　切口上宽下窄

原因：

1）切割速度太快。

2）割嘴与工件之间的距离太大；割嘴有杂物堵塞，使风线受到干扰而变形。

（3）切口上窄下宽（图3-39）

现象：切口上窄下宽，成喇叭状。

图3-39　切口上窄下宽

原因：

1）切割速度太快，切割氧的压力太高。

2）割嘴号偏大，使切割氧流量太大。

3）割嘴与工件之间的距离太小。

（4）切割断面凹陷（图3-40）

现象：在整个切割断面上，尤其中间部位有凹陷。

原因：

1）切割速度太快。

2）使用的割嘴号偏小，切割氧的压力太低，割嘴堵塞或损坏。

3）切割氧的压力过高，风线受阻变坏。

图3-40 切割断面凹陷

（5）切割断面呈现出大的波纹形状

现象：切割断面凸凹不平，呈现较大的波纹形状。

原因：

1）切割速度太快。

2）切割氧的压力太低，割嘴堵塞或损坏，使风线变坏。

3）使用的割嘴号偏大。

（6）切口垂直方向出现角度偏差（图3-41）

现象：切口不垂直，出现斜角。

图3-41 切口不垂直

原因：

1）割炬与工件表面不垂直。

2）风线不正。

（7）切口下边缘成圆角（图3-42）

现象：切口下边缘有不同程度的熔化，成圆角状。

图3-42 切口下边缘成圆角

原因：

1）割嘴堵塞或者损坏，使风线变形。

2）切割速度太快，切割氧的压力太高。

（8）切口下部凹陷且下边缘成圆角

现象：接近下边缘处凹陷，并且下边缘熔化成圆角。

原因：切割速度太快，割嘴堵塞或者损坏，风线受阻变形。

## 3. 切割断面的表面粗糙度缺陷

切割断面的表面粗糙度直接影响后续工序的加工质量。切割断面的表面粗糙度与割纹的超前量及其深度有关。

（1）切割断面后拖量过大（图3-43）

现象：切割断面割纹向后偏移很大，同时随着偏移量的增大而出现不同程度的凹陷。

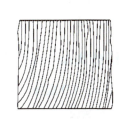

图3-43 切割断面后拖量过大

原因：

1）切割速度太快。

2）使用的割嘴号偏小，切割氧的流量太小，切割氧的压力太低。

3）割嘴与工件的距离太大。

（2）在切割断面上半部分出现割纹超前量（图3-44）

现象：在接近上边缘处，形成一定程度的割纹超前量。

原因：

1）割炬与切割方向不垂直，割嘴堵塞或损坏。

2）风线受阻变形。

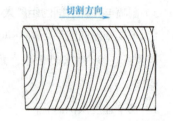

图3-44　切割断面上半部分割纹超前

（3）靠近切割断面下边缘处割纹超前量过大（图3-45）

现象：在靠近切割断面下边缘处出现割纹超前量太大。

原因：

1）割嘴堵塞或损坏，风线受阻变形。

2）割炬与切割方向不垂直或割嘴有问题，使风线不正、倾斜。

### 4. 挂渣

在切割断面上或下边缘产生难以清除的挂渣。

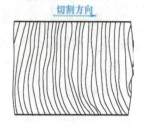

图3-45　割纹超前量过大

（1）下边缘挂渣（图3-46）

现象：在切割断面的下边缘产生连续的挂渣。

原因：

1）切割速度太快或太慢，使用的割嘴号偏小，切割氧的压力太低。

2）预热火焰中燃气过剩，钢板表面有氧化皮锈蚀或不干净。

3）割嘴与工件之间的距离太大，预热火焰太强。

图3-46　切割断面下边缘挂渣

（2）切割断面上产生挂渣

现象：在切割断面上有挂渣，尤其在下半部分有挂渣。

原因：合金成分含量太高。

### 5. 裂纹

现象：在切割断面上出现可见裂纹，或在切割断面附近的内部出现脉动裂纹，或只是在横断面上可见到裂纹。

原因：碳含量或合金成分含量太高，采用预热切割法时，工件预热温度不够，工件冷却太快，材料冷作硬化。

## 任务实施

### 一、工作准备

#### 1. 试板

采用Q235钢板，试板尺寸为20mm×2000mm×2000mm，一块；清理试板中间油、锈及其他污物，以便进行切割。

## 2. 切割气体

氧气和乙炔。

## 3. 工具

手套、护目镜、钢丝刷等设备调试过程中所需的工具。

### 二、工作程序

1）按照数控火焰气割设备调试的工作程序完成设备回原点（归零）等调试工作。

2）进入固化图形选择界面，选择需要切割的图形，并进行尺寸的修改，选好后按选择键进行确定。

3）根据板厚设置预热时间、穿孔时间并设定数控火焰切割程序。

4）进入切割界面，按选择键进行自动切割。注意此过程可以先将火焰关闭，进行切割轨迹的模拟，待确定无误后再进行正式切割下料。

5）工件切割完毕后在操作界面按"停止"按钮，割炬会自动升起，然后调整割炬运动方向和割嘴与工件的距离，进行下一个工件的切割。

6）检验工件的切割质量并进行参数的调节及切割工艺的完善。

异形板状工件的数控自动切割微课见二维码 3-4。

二维码 3-4　异形板状工件的数控自动切割

## 项目总结

通过本项目的学习，学生能够掌握数控火焰切割设备的组成，能够熟练操作数控火焰切割设备进行切割下料，并能够进行简单的数控编程操作以及复杂平面图形的切割，同时能对数控火焰切割设备进行维护。

## 复习思考题

### 一、选择题

1. 火焰切割的三个基本要素，包括气体、切割速度和（　　）。

　　A. 割嘴直径　　　　B. 工件厚度　　　C. 割嘴到工件的距离　　D. 气体流量

2. 减压系统主要由氧气、燃气专用减压阀和（　　）组成，根据不同切割工艺的需要，在气路操作面板上可方便地进行系统的压力调整。

　　A. 流量计　　　　　B. 压力表　　　　C. 电磁阀　　　　　　D. 导气管

### 二、填空题

1. 数控火焰切割机均由_____、气路部分及_____三大部分组成。

2. 气路系统包括各供气管路_____、_____、_____、_____及电磁阀。

### 三、简答题

1. 切割过程中不同尺寸、不同形状的平面图形如何获得？

2. 数控火焰切割的工作原理是什么？

3. 火焰的好坏怎么区别？

4. 什么情况下氧气或乙炔需要量大点？什么情况下氧气或乙炔需要量小点？

5. 在数控火焰切割过程中怎样判断火焰是否能继续切割？

## 项目实训

采用数控火焰切割机进行不同形状的下料操作，具体要求：

1）材料 Q235B，板厚 12mm。

2）切割形状及尺寸：① 圆形，半径为 200mm；② 正方形，边长为 200mm。

3）工件形状要规范，切割质量符合要求。

# 项目四
# 空气等离子弧切割不锈钢板

## 项目导入

等离子弧切割是利用等离子弧热能实现金属熔化的切割方法，根据切割气流的不同，分为氮等离子弧切割、空气等离子弧切割和氧等离子弧切割等。切割用等离子弧的温度一般在 10000～14000℃之间，远远超过所有金属及非金属的熔点，因此能够切割绝大部分金属和非金属材料。这种方法诞生于 20 世纪 50 年代，最初用于切割氧乙炔焰无法切割的金属材料，如铝合金及不锈钢等。随着这种方法的不断改进，其应用范围已经扩大到碳钢和低合金钢。目前，等离子弧切割已是最常见的切割方法之一，因此选择"空气等离子弧切割不锈钢板"作为训练项目。该项目取自《焊工国家职业技能标准（2009 年修订）》，为焊工中级项目之一，通过对该项目的学习，使学生能够达到焊工中级水平。

## 学习目标

1）掌握等离子弧切割的工作原理及特点。
2）了解等离子弧切割方法的分类。
3）掌握等离子弧切割设备的组成部分及各部分的功能。
4）掌握等离子弧切割主要参数的选择。
5）理解等离子弧切割过程中挂渣的原因及解决方法。
6）掌握等离子弧切割设备的操作规程。
7）能够使用等离子弧切割方法切割不锈钢。
8）具有吃苦耐劳的精神，具有团队合作的素质。

# 项目实施

## 任务1 等离子弧切割设备安装与调试

### 任务解析

本任务通过对典型空气等离子弧切割机的调试，使学生了解等离子弧切割的原理及特点，掌握型号为LGK-60空气等离子弧切割机的组成及操作方法。

### 必备知识

#### 一、等离子弧切割工作原理

等离子弧割枪的基本设计与等离子弧焊枪相似。用于焊接时，采用低速的离子气流熔化母材以形成焊接接头；用于切割时，采用高速的离子气流熔化母材并吹掉熔融金属而形成切口。切割用离子气流速及强度取决于离子气种类、气体压力、电流、喷嘴孔道比及喷嘴至工件的距离等参数。等离子弧割枪的基本结构如图4-1所示。

等离子弧切割时采用正极性电流，即电极接电源负极。切割金属时采用转移弧，引燃转移弧的方法与割枪有关。割枪分有维弧割枪及无维弧割枪两种。有维弧割枪的电路连接如图4-2所示，无维弧割枪的电路无电阻支路，其余与有维弧割枪的电路连接相同。

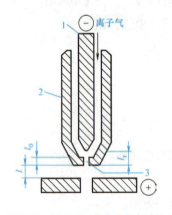

图4-1 等离子弧割枪的基本结构
1—电极　2—压缩喷嘴　3—压缩喷嘴孔

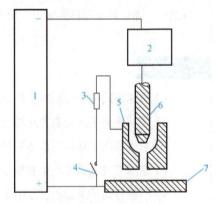

图4-2 等离子弧切割的基本电路
1—电源　2—高频引弧器　3—电阻　4—接触器触点
5—压缩喷嘴　6—电极　7—工件

图4-2所示电路中电阻的作用是限制维弧电流，将维弧电流限制在能够顺利引燃转移弧的最低值。高频引弧器用来引燃维弧。引弧时，接触器触点闭合，高频引弧器产生高频高压引燃维弧。维弧引燃后，当割枪接近工件时，从喷嘴喷出的高速等离子气流接触到工件便形成电极至工件间

的通路，使电弧转移至电极与工件之间；一旦建立起转移弧，维弧自动熄灭，接触器触点经一段时间延时后自动断开。

无维弧割枪引弧时，将喷嘴与工件接触，高频引弧器引燃电极与喷嘴之间的非转移弧。非转移弧引燃后，迅速将割枪提起至距工件 3～5mm，使喷嘴脱离导电通路，电弧便转移至电极与工件之间。自动割枪均需采用有维弧结构。60A 以下手工切割常采用无维弧结构割枪。60A 以上手工割枪常采用有维弧结构。

除使用高频引弧器外，有的割枪上的电极是可移动的，此类割枪可以使用电极回抽法引弧。引弧时，将割枪上的电极与喷嘴短路后迅速分离，引燃电弧。

## 二、等离子弧切割的特点及优缺点

（1）等离子弧切割的特点

1）切割速度快，生产率高。它是目前常用的切割方法中切割速度最快的。

2）切口质量好。等离子弧切割的切口窄而平整，产生的热影响区和变形都比较小，特别是切割不锈钢时能很快通过敏化温度区间，故不会降低切口处金属的耐蚀性；切割淬火倾向较大的钢材时，虽然切口处金属的硬度也会升高，甚至会出现裂纹，但由于淬硬层的深度非常小，通过焊接过程可以消除，所以切割边可直接用于装配焊接。

3）应用面广。由于等离子弧的温度高、能量集中，所以能切割几乎所有金属材料，如不锈钢、铸铁、铝、镁、铜等，在使用非转移等离子弧时，还能切割非金属材料，如石块、耐火砖、水泥块等。

（2）优点　与机械切割相比，等离子弧切割具有切割厚度大，切割灵活，装夹工件简单及可以切割曲线等优点。与氧乙炔焰切割相比，等离子弧具有能量集中，切割变形小及起始切割时不用预热等优点。

（3）缺点　与机械切割相比，等离子弧切割公差大，切割过程中会产生弧光辐射、烟尘及噪声等公害。与氧乙炔焰切割相比，等离子弧切割设备成本高，切割厚度小；切割用电源空载电压高，不仅耗电量大，而且在割枪绝缘不好的情况下易对操作人员造成电击。

## 三、等离子弧切割方法的分类

等离子弧切割方法除一般形式外，派生出的形式还有双流（保护）等离子弧切割、水保护等离子弧切割、水再压缩等离子弧切割、空气等离子弧切割、大电流密度等离子弧切割及水下等离子弧切割等。

### 1. 一般等离子弧切割

图 4-3a 所示为一般的等离子弧切割的原理图，图 4-3b 所示为典型等离子弧割枪结构。等离子弧切割可采用转移型电弧或非转移型电弧。非转移型电弧适宜于切割非金属材料，但由于工件不接电，电弧挺度差，故非转移型电弧切割金属材料的切割厚度小。切割金属材料通常都采用转移型电弧。一般的等离子弧切割不使用保护气，工作气体和切割气体从同一喷嘴内喷出。引弧时，喷出小气流离子气体作为电离介质；切割时，则同时喷出大气流气体，以排除熔化金属。

切割金属薄板时，可采用微束等离子弧来获得更窄的切口。

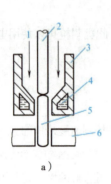
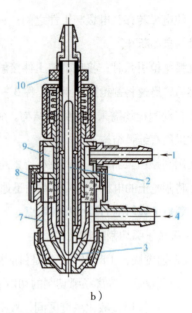

图 4-3 一般等离子弧切割的原理及割枪
a）切割原理  b）典型等离子弧割枪
1—气体  2—电极  3—喷嘴  4—冷却水  5—电弧  6—工件  7—下枪体
8—绝缘螺母  9—上枪体  10—调整螺母

### 2. 双流（保护）等离子弧切割

双流技术要求等离子弧割枪（炬）带有外部保护气罩，如图4-4所示。喷嘴可以在等离子气体周围提供同轴的辅助保护气体流。保护气体常采用氮气、空气、二氧化碳、氩气及氩氢混合气体。这项技术的优点在于辅助的保护气体可以保护等离子气体和切割区，还可以降低和消除切割表面的污染。喷嘴外部的保护气罩可以防止喷嘴和工件接触时产生双弧而损坏喷嘴。

切割低碳钢时，双流技术的割速稍高于单气流切割，但在某些应用中较难获得满意的切割质量。切割不锈钢和铝合金时，割速与切割质量和单气流相比差别不大。

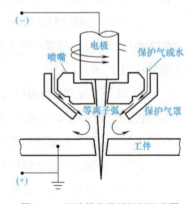

图 4-4 双流等离子弧切割示意图

当切割质量在冶金性上对切边组织，物理性能上对挂结瘤，在切割精度上对平行度、垂直度及表面粗糙度有严格要求时，可以使用双流切割技术。

### 3. 水保护等离子弧切割

水保护等离子弧切割是机械化的等离子弧切割，是双流技术的一种变化。水保护等离子弧切割是用水来代替喷嘴外层的保护气，这项技术主要用于切割不锈钢。水的冷却作用可以延长割枪喷嘴寿命及改善切割面的外观质量；水也可以吸收切割时的粉尘，改善切割环境。但当对切割速度、割边垂直度和沿切割面挂结瘤要求严格时，则不建议使用这项技术。

#### 4. 水再压缩等离子弧切割（注水等离子弧切割）

注水等离子弧切割是一种自动切割方法，如图 4-5 所示。一般使用 250～750A 的电流。所注水流沿电弧周围喷出，喷出的水有两种形态：①水沿电弧径向高速喷出；②水以漩涡形式切向喷出并包围电弧。

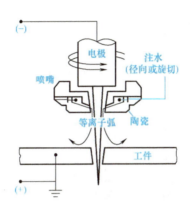

图 4-5　注水等离子弧切割示意图

注水对电弧造成的收缩比传统方法造成的电弧收缩更大。这项技术的优点在于提高了切口的平行度、垂直度，同时也提高了切割速度，最大限度地减少了结瘤的形成。等离子弧切割时，由割枪喷出的除工作气体外，还伴随着高速流动的水束，共同迅速地将熔化金属排开。典型割枪如图 4-6 所示。喷出喷嘴的高速水流有两种进水形式，一种为高压水流径向进入喷嘴孔道后再从割枪喷出；另一种为轴向进入喷嘴外围后以环形水流从割枪喷出。这两种形式的原理分别如图 4-6a、b 所示。高压高速水流由高压水源提供。高压高速水流一方面对喷嘴起冷却作用，另一方面对电弧起再压缩作用。图 4-6a 所示形式对电弧的再压缩作用较强烈。喷出的水束一部分被电弧蒸发，分解成氧与氢，它们与工作气体共同组成切割气体，使等离子弧具有更高的能量；另一部分未被电弧蒸发、分解，但对电弧有着强烈的冷却作用，使等离子弧的能量更为集中，因而可增加切割速度。喷出割枪的工作气体采用压缩空气时，为水再压缩空气等离子弧切割，它利用空气热焓值高的特点，可进一步提高切割速度。

注水等离子弧切割的水喷溅严重，一般在水槽中进行，工件位于水面下 200mm 左右。切割时，利用水的特性，可以使切割噪声降低 15dB 左右，并能吸收切割过程中所形成的强烈弧光、金属粒子、灰尘、烟气、紫外线等，大幅度改善了工作条件。水还能冷却工件，使切口平整和割后工件热变形减小，切口宽度也比等离子弧切割的切口窄。

注水等离子弧切割时，由于水的充水冷却以及水中切割时水的静压力，降低了电弧的热能效率，要保持足够的切割效率，在切割电流一定的条件下，切割电压比一般等离子弧切割电压要高。此外，为消除水的不利因素，必须增加引弧功率、引弧高频电压和设计合适的割枪结构，以保证可靠引弧和稳定切割电弧。

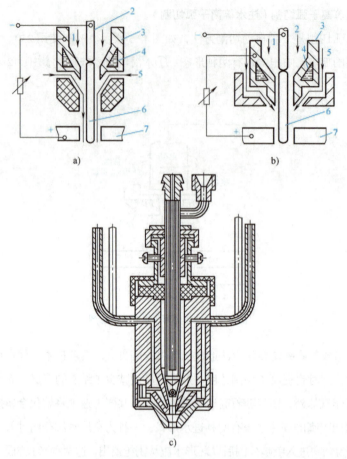

图 4-6 水再压缩等离子弧切割原理及割枪
a）径向进水式切割原理  b）轴向进水式切割原理  c）典型轴向进水式割枪
1—气体  2—电极  3—喷嘴  4—冷却水  5—压缩水  6—电弧  7—工件

### 5. 空气等离子弧切割

空气等离子弧切割一般使用压缩空气作为离子气。图 4-7 所示为空气等离子弧切割原理图及割枪结构。这种方法切割成本低，气体来源方便。压缩空气在电弧中加热后分解和电离，生成的氧与切割金属产生化学放热反应，加快了切割速度。充分电离的空气等离子体的热焓值高，因而电弧的能量大，切割速度快。由于切割速度快，人工费相对降低，加之压缩空气价廉易得，空气等离子弧在切割 30mm 以下板材时比氧乙炔焰更具有优势。除切割碳钢外，使用这种方法也可以切割铜、不锈钢、铝及其他材料。但是这种方法使用的电极受到强烈的氧化腐蚀，所以一般采用纯锆或纯铪电极。即使采用锆、铪电极，电极的工作寿命一般也只在 5~10h 以内。为了进一步提高切割碳钢时的速度和质量，可采用氧作离子气，但氧作离子气时电极烧损更严重。为降低电极烧损，也可采用复合式空气等离子弧切割，其切割原理如图 4-7b 所示。这种方法采用内外两层喷嘴，内层喷嘴通入常用的工作气体，外喷嘴内通入压缩空气。

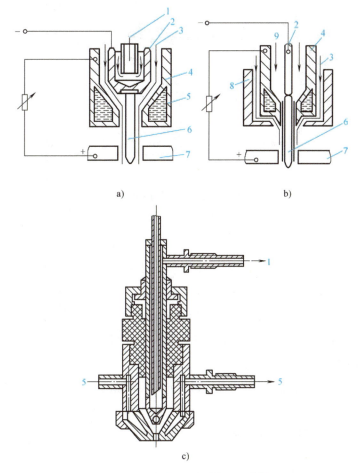

图 4-7 空气等离子弧切割原理及割枪

a）单一式空气切割原理  b）复合式空气切割原理  c）典型单一式空气割枪
1—电极冷却水  2—电极  3—压缩空气  4—镶嵌式压缩喷嘴
5—压缩喷嘴冷却水  6—电弧  7—工件  8—外喷嘴  9—工作气体

#### 6. 大电流密度等离子弧切割

大电流密度等离子弧切割是使用空气或氧气作为等离子气，并附有大量保护气体的双流切割技术。任何厚度在 13mm 以下的金属都可以切割，而且切割面的质量非常好。这项技术使用大电流密度等离子弧割枪，使用的电流密度是常规割枪的 3～4 倍。这种割枪可以产生很大的压缩电弧。用这种割枪切割形成的切口很狭窄，而且在一些应用场合下用大电流密度等离子弧切割形成的切口的质量可以和激光束切割相比。

### 四、等离子弧切割设备的构成

等离子弧切割设备主要由供气装置、电源及割枪几部分组成，水冷枪还需有冷却循环水装置。图 4-8 是空气等离子弧切割系统示意图。

#### 1. 供气装置

空气等离子弧切割的供气装置的主要设备是一台大于 1.5kW 的空气压缩机，切割时所需气体压力为 0.3～0.6MPa。如选用其他气体，可采用瓶装气体经减压后供切割时使用。

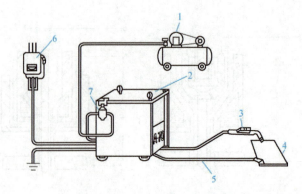

图 4-8　空气等离子弧切割系统示意图

1—压缩空气　2—切割电源　3—割枪　4—工件　5—接工件电缆　6—电源开关　7—过滤减压阀

### 2. 电源

等离子弧切割采用具有陡降或恒流外特性的直流电源。为获得满意的引弧及稳弧效果，电源空载电压一般为切割时电弧电压的 2 倍，常用切割电源空载电压为 150～400V。

切割用电源有几种类型。最简单的电源是硅整流电源，整流器、前级的变压器是高漏抗式的，所以电源具有陡降外特性。这种电源的输出电流是不可调节的，但有的电源采用抽头式变压器，用切换开关调节两档或三档的输出电流。

目前连续可调节输出电流的常用电源有磁放大器式、晶闸管整流式及逆变电源，这些电源可将输出电流调节至理想的电流值。其中逆变电源具有高效、体积小及节能等优点，随着大功率半导体器件的商品化，逆变电源将是切割电源的发展方向。

### 3. 割枪

等离子弧切割用的割枪大体上与等离子弧焊枪相似，只是割枪的压缩喷嘴及电极不一定都采用水冷结构。割枪的具体形式取决于割枪的电流等级，一般 60A 以下割枪多采用风冷结构，即利用高压气流对喷嘴及枪体冷却，并对等离子弧进行压缩。风冷割枪的原理如图 4-9 所示。60A 以上割枪多采用水冷结构。

喷嘴是等离子弧割枪的核心部分，割枪压缩喷嘴的结构尺寸对等离子弧的压缩及稳定有直接影响，并关系到切割能力、切口质量及喷嘴寿命。喷嘴用纯铜制造，纯铜的导热性好，便于冷却，易于加工。喷嘴壁厚一般为 2～3mm，不宜太厚和太薄。壁太厚，水冷效果差；壁过薄，易于烧毁。大功率等离子弧切割用的喷嘴可适当增厚些。

电极也是等离子弧割枪的一个关键部件，它直接影响切割效率、切口质量和经济性。等离子弧切割时一般采用直流正接，也就是说电极（负极）承担着电子发射的功能。因此电极应具备三点基本要求：①具有足够的电子发射能力；②导电、导热性良好；③熔点高、耐烧损。等离子弧

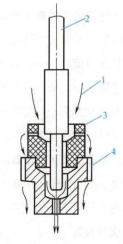

图 4-9　风冷割枪原理图

1—气流　2—电极　3—分流器　4—喷嘴

切割用电极有笔形和镶嵌结构两种。笔形电极的形状有平头（圆形）和尖头电极两种，如图4-10所示。尖头电极的前端必须呈圆球形，电极端部不宜太尖或太钝：端部太尖，电极易烧损；端部太钝，阴极斑点容易漂移，影响切割的稳定性，甚至产生"双弧"而导致喷嘴烧坏。笔形电极调节和更换方便，材料常采用钨合金，冷却方式为水冷（图4-11）或气冷；电极烧损后，对端头修磨后可继续使用。镶嵌结构的电极由纯铜座和发射电子的电极金属组成。这种电极通常采用直接水冷方式，以减少电极损耗，并可承受较大的工作电流。电极经过一段时间使用后逐渐被烧损，一旦电极材料烧损到某一深度（等于电极块的直径），引弧性能和电弧稳定性就会变差，切割质量恶化，甚至纯铜座也会被烧熔，电极就不能继续使用了。割枪中的电极可采用纯钨、钍钨、铈钨材料，也可采用镶嵌式电极。电极材料优先选用铈钨，但空气等离子弧切割时，则采用镶嵌式锆或铪电极。镶嵌式水冷及风冷电极如图4-12所示。

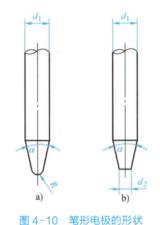

图4-10 笔形电极的形状

a）尖头电极　b）平头（圆形）电极

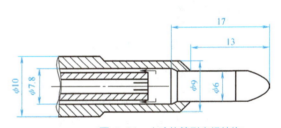

图4-11 水冷的笔形电极结构

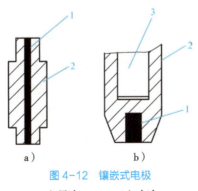

图4-12 镶嵌式电极

a）风冷　　b）水冷

1—钨　2—铜　3—水槽

由于等离子弧割枪在极高的温度下工作，割枪上的零件应被认为是易损件，尤其喷嘴和电极在切割过程中最易损坏，为保证切割质量必须定期进行更换。

等离子弧割枪按操作方式可分手工割枪及自动割枪。割枪喷嘴至工件的距离对切割质量有影响。手工割枪的操作因割枪的样式而有所不同，有的手工割枪需操作者保持喷嘴至工件的距离，操作者需将专用工具夹具与割枪上的刻度线对齐,如图 4-13 所示,并将割枪角度调节至 30°,要保证两个刻度线对齐,如图 4-14 所示;而有的割枪的喷嘴至工件的距离是固定的,操作者可以在被割工件上拖着割枪进行切割。自动割枪可以安装在行走小车、数控切割设备或机器人上进行自动切割。自动割枪的喷嘴至工件的距离可以控制在所需的数值范围之内,有些自动切割设备在切割过程中可以自动将该距离调节至最佳数值。

二维码 4-1　等离子弧割枪的组成与组装

等离子弧割枪的组成与组装微课见二维码 4-1。

图 4-13　割枪安装

图 4-14　割枪角度调节至 30°

**4. 切割过程控制**

等离子弧切割过程的控制相对简单,主要有启动、停止控制、联锁控制及切割轨迹控制。

大部分手工切割通过割枪上的触动开关控制操作过程,压下开关开始切割,松开开关或抬起割枪则停止切割。由于大电流割枪中电极距喷嘴距离较远,为了便于引弧,可以改变切割过程中的气流量,在引弧时使用小气流量,以防止电弧被吹灭;电弧引燃后再通入正常的气流量。

切割过程中的联锁控制是为了防止切割时气压不足或冷却水流量不足而损坏割枪。一般使用气电转换开关作为监测气压的传感控制元件。当气压足够时,气电转换开关才能转变开关状态,允许电源输出电流;如在切割过程中气压不足,则自动停止输出电流,中断切割。对于水冷割枪,需要采用水流开关与控制电路形成联锁控制,在水流不足时禁止启动或自动停止切割。

运动轨迹可变的数控行走设备可用于等离子弧自动切割,设备依据预先编制的程序行走(直线或曲线),将板材切割成所需的形状。另外,切割机器人也已用在切割生产中,使切割自动化程度进一步提高。

## 任务实施

### 一、工作准备

1)穿戴好长筒手套。

2)穿上能遮蔽所有裸露部位的阻燃服装。

3)穿上裤角无翻边的裤子,以防火花和熔渣进入。

4)通电开机前,应检查机器周围附近、导轨两侧是否有杂物,10m 以内不准有易燃物品(包括有易燃易爆气体产生的器皿、管线），所用的气源、水源、电源是否处于正常的工作状态，保持切割场地通风良好。

## 二、工作程序

本任务的设备选择典型空气等离子弧切割机，型号为LGK-60。

1）将切割机后面板的电源输入线（3～380V INPUT）接入频率为50Hz（或60Hz）的三相交流电（注：本切割机的电源输入线是四芯电缆，其中一根黄绿双色线为保护接地线，应接地。有关接地方法，按国家有关标准执行），如图4-15所示。

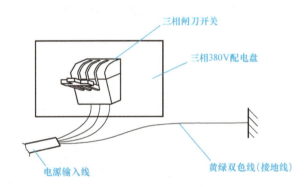

图4-15 电源输入线的安装

2）将割枪开关电缆端部的航空插头与前面板上的航空插座连接并拧紧，如图4-16所示。

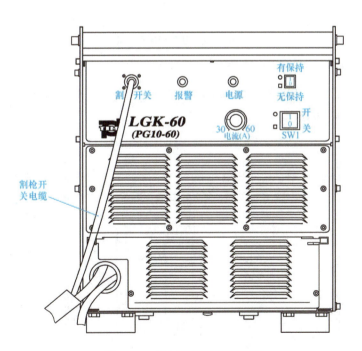

图4-16 等离子弧切割机前面板

3）拆掉切割机前面掀盖上的两个螺钉，将掀盖掀起，并将割枪电缆和地线电缆带端子一端从前面板左下方圆孔伸入机内，如图4-17所示。

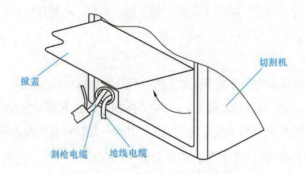

图 4-17　等离子弧切割机前面板掀盖

4）将割枪电缆与正负极支架上有"-"标记的接线端子连接，并用扳手拧紧；再将地线电缆与正负极支架上有"+"标记的接线端子连接，并用扳手拧紧，如图 4-18 所示。

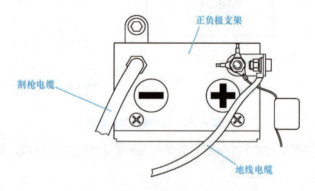

图 4-18　正负极端子连接

5）将掀盖放下，重新安装掀盖与机壳的紧固螺钉。

6）将压缩空气气管一端接到切割机后面板"气体入口"处，并用卡箍拧紧，另一端和压缩空气气源连接，如图 4-19 所示。

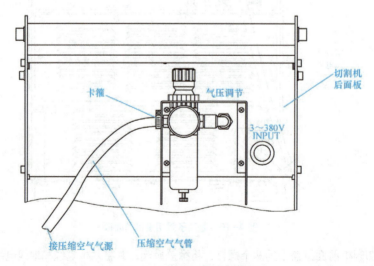

图 4-19　压缩空气气管的安装

7）按上述步骤完成后，将前面板的电源开关置于"开"的位置，风扇转动，面板上的电源指示灯亮，切割机进入待切割状态。调节电流调节电位器，则切割电流在"30～60 A"之间变化。

等离子弧切割设备的调试微课见二维码4-2。

二维码4-2　等离子弧切割设备的调试

## 任务2　等离子弧切割6mm不锈钢板

### 任务解析

本任务通过对6mm厚不锈钢板的切割下料，使学生熟悉等离子弧切割工艺，掌握等离子弧切割参数的调节方法，能够正确判断和解决挂渣缺陷，保证切割质量。

### 必备知识

#### 一、等离子弧切割机切割工艺参数的选择

**1. 切割电流**

切割电流是最重要的切割工艺参数，直接决定了切割的厚度和速度，即切割能力。其影响表现为：

1）切割电流增大，电弧能量增加，切割能力提高，切割速度随之增大。

2）切割电流增大，电弧直径增加，电弧变粗，使得切口变宽。

3）切割电流过大，使得喷嘴热负荷增大，喷嘴易过早地损伤，切割质量自然也下降，甚至无法进行正常切割。

**2. 切割速度**

最佳切割速度范围可按照设备说明选定或通过试验确定。由于材料的厚度、材质不同，熔点高低，热导率大小及熔化后的表面张力等因素的影响，切割速度也相应变化。主要表现为：

1）切割速度适度地提高能改善切口质量，即切口略有变窄，切口表面更平整，同时可减小变形。

2）切割速度过快使得切割的线能量低于所需的量值，切缝中的射流不能快速将熔化的切割熔体立即吹掉而形成较大的后拖量，伴随着切口挂渣，切口表面质量下降。

3）当切割速度太低时，由于切割处是等离子弧的阳极，为了维持电弧自身的稳定，阳极斑点或阳极区必然要在离电弧最近的切缝附近找到传导电流，同时会向射流的径向传递更多的热量，因此使切口变宽，切口两侧熔融的材料在底缘聚集并凝固，形成不易清理的挂渣，而且切口上缘因加热熔化过多而形成圆角。

4）当速度极低时，由于切口过宽，电弧甚至会熄灭。由此可见，良好的切割质量与切割速度

是分不开的。

## 3. 电弧电压

一般认为电源正常输出电压即为切割电压。等离子弧切割机通常有较高的空载电压和工作电压,在使用电离能高的气体如氮气、氢气或空气时,稳定等离子弧所需的电压会更高。当电流一定时,电压的提高意味着电弧焓值的提高和切割能力的提高。如果在焓值提高的同时,减小射流的直径并加大气体的流速,往往可以获得更快的切割速度和更好的切割质量。

## 4. 喷嘴高度

喷嘴高度是指喷嘴端面至切割表面的距离,它构成了整个弧长的一部分。由于等离子弧切割一般使用恒流或陡降外特征的电源,喷嘴高度增加后,电流变化很小,但会使弧长增加并导致电弧电压增大,从而使电弧功率提高;但同时也会使暴露在环境中的弧长增长,弧柱损失的能量增多。在两个因素综合作用的情况下,前者的作用往往完全被后者所抵消,反而会使有效的切割能量减小,致使切割能力降低。

二维码 4-3　等离子弧半自动切割

等离子弧半自动切割微课见二维码 4-3。

## 二、挂渣产生原因及解决方法

挂渣就是没有完全从切口中吹掉的被切割材料,是等离子弧切割过程中常见的缺陷,其表现形式及解决措施如下。

### 1. 高速挂渣

表现为:小硬珠状,如图 4-20 所示。

产生原因:①割嘴损坏;②电流过小;③速度过快;④切割高度偏高。

解决措施:①更换割嘴;②使用更大规格的割嘴;③减小切割速度;④降低弧压。

图 4-20　高速挂渣

### 2. 低速挂渣

表现为:大泡状,集结于切口底部,如图 4-21 所示。

产生原因:①电流过大;②速度过慢;③切割高度偏低。

解决措施:①使用更小规格的割嘴;②提高切割速度;③调高弧压。

图 4-21　低速挂渣

### 3. 速度合适时的切割表面

切割表面如图 4-22 所示。

图 4-22　速度合适时的切割表面

## 任务实施

### 一、工作准备

#### 1. 试板

采用 06Cr19Ni10 不锈钢板，试板尺寸为 600mm×150mm×6mm，一块，清理试板中间油、锈及其他污物，以便进行切割。

#### 2. 等离子弧切割设备

1）检查外接电源准确无误。

2）检查工件地线已夹持在工件上。

3）检查电源开关在断位。

4）闭合电网供电总开关，此时风扇开始工作，注意检查风向，风应该朝里吹，否则会因主变压器得不到通风冷却，而缩短工作时间。

#### 3. 工具

手套、大力钳及簸箕等切割过程中所需的工具。

### 二、工作程序

1）按照任务 4.1 中的方法完成电路和气路连接。

2）将过滤器中的水排尽，如图 4-23 所示。

图 4-23　将过滤器中的水排尽

3）调节电流调节电位器，调至一合适的电流值。

4）调节后面板上的空气过滤减压阀，将气压调至一合适的压力值。气压和切割电流的配比关系参见表 4-1。顺时针转动调压阀，压力值增大，如图 4-24 所示，逆时针转动调压阀，压力值减小，如图 4-25 所示。

图 4-24 顺时针转动，压力值增大

图 4-25 逆时针转动，压力值减小

表 4-1 气压和切割电流的配比关系

| 切割电流/A | 30～35 | 35～40 | 40～50 | 50～60 |
|---|---|---|---|---|
| 气压/MPa | 0.2 | 0.3 | 0.4 | 0.5 |

5）将前面板上的电源开关置于"开"的位置，如图 4-26 所示。此时切割机开始工作，风扇转动；压力指示灯亮，表明气压正常。

6）用地线夹将切割工件夹好，如图 4-27 所示，割枪喷嘴和工件接触，按动割枪开关，割枪上的黄色按钮为防误触开关，如图 4-28 所示，红色按钮为开关按钮，如图 4-29 所示。高频产生后，电弧引燃，压缩空气从喷嘴中喷出，移动割枪即可开始切割。

图 4-26 开机

图 4-27 用地线夹将切割工件夹好

图 4-28 防误触开关

图 4-29 开关按钮

7）当切割机前面板的保持开关置于"无保持"位置时，引弧后进入切割状态，如图4-30所示；松开割枪开关无电压输出，切割停止，压缩空气延时关断。保持开关置于"有保持"位置时，引弧后进入切割状态；此时松开割枪开关，继续保持切割状态；直到拉断电弧无切割电流时才无电压输出，切割停止，压缩空气延时关断。

图4-30　切割机前面板

8）如引弧成功率不高，可从以下几个方面解决：

① 用地线钳将工件夹紧并保证接触良好。

② 引弧时，割枪喷嘴贴紧工件。

③ 如电极烧损严重，应更换电极。

④ 拧紧割枪的气体保护罩。

9）切割工件全部结束后，切断电源开关和气源阀。

等离子弧带坡口切割操作微课见二维码4-4。

二维码4-4　等离子弧带坡口切割操作

## 项目总结

通过本项目的学习，学生能够掌握等离子弧切割的工作原理、特点及分类，能够熟练使用等离子弧切割方法切割不锈钢，并能够进行等离子弧切割机切割工艺参数的选择，理解等离子弧切割过程中挂渣产生的原因及解决方法。

―――――――― 复习思考题 ――――――――

### 一、填空题

1. 等离子弧切割方法除一般形式外，还有_____、水保护等离子弧切割、水再压缩等离子弧切割、_____、_____及_____等。

2. 等离子弧切割系统主要由_____、_____及_____几部分组成。

**二、判断题**

1. 等离子弧切割采用高频振荡器引弧，高频对人体无危害。（  ）
2. 等离子弧切割时会产生等离子弧。（  ）

**三、简答题**

1. 简述等离子弧切割的基本原理。
2. 简述等离子弧切割的特点及优缺点。

## 项目实训

采用等离子弧切割方法，对 6mm 厚不锈钢板开 60°V 形坡口。

# 项目五
# 编制炭弧气刨工艺

## 项目导入

炭弧气刨与切割是电弧-压缩空气切割的一种特殊形式，可以将金属切割成符合要求的形状，在生产中主要用来刨削各种坡口、清焊根及清除焊接缺陷等，是焊接结构生产中被广泛应用的一种去除金属的加工方法，生产率比风铲高4倍左右，尤其是在全位置切割时优越性更大，降低了工件的加工成本；劳动强度明显降低，尤其在空间位置刨槽时更为明显，噪声也比风铲时低。炭弧气刨具有切割质量好、能切割氧乙炔气割不能或难以切割的金属等优点。由于炭弧气刨是利用高温而不是利用氧化作用刨削金属，因此它不但适用于碳钢和低合金钢，还可用于不能用氧气切割或难以切割的金属，如铸铁、不锈钢和铜等材料。

本项目包含两个工作任务，主要使学生掌握炭弧气刨的原理及特点，熟悉炭弧气刨的操作方法。

## 学习目标

1）了解炭弧气刨与切割原理及应用范围。
2）了解常见的炭弧气刨缺陷和预防措施。
3）掌握不锈钢炭弧气刨的工艺参数。
4）掌握炭弧气刨的操作技术及安全防护。
5）能够编制不锈钢炭弧气刨工艺。
6）能够编制碳素钢的炭弧气刨工艺。
7）能够编制低合金钢的炭弧气刨工艺。
8）能够编制铸铁的炭弧气刨工艺。
9）具有进行炭弧气刨工艺编制及操作的能力。

## 项目实施

### 任务 1　不锈钢的炭弧气刨工艺

#### 任务解析

按照法规和标准要求,确定合理的不锈钢炭弧气刨工艺参数,掌握常见的炭弧气刨缺陷和预防措施,能够编制不锈钢的炭弧气刨工艺。

#### 必备知识

##### 一、炭弧气刨与切割原理

炭弧气刨与切割是利用特制的炭棒与工件之间产生的高温电弧,迅速地将工件局部加热熔化成液体金属,同时利用沿炭棒喷出的压缩空气将液体金属吹走,如此碳极(炭棒)不断地向前移动,被高温电弧熔化的金属不断地被吹走,从而在被加工的工件表面上刨出一条沟槽或将工件分开的一种工艺方法。图 5-1 所示为炭弧气刨示意图。

炭弧气刨与切割可以使用直流电,也可以使用交流电。交流电炭弧气刨工艺的刨削效率比直流电的低(据经验数据,交流电炭弧气刨的刨削效率比直流电时低 50%),还存在槽道内易残留碳的缺点。但交流电炭弧气刨工艺设备比较简单,刨削的槽道底部扩展成 U 形,有利于随后的焊接施工;另外,它也能顺利地刨削铸铁。尽管如此,炭弧气刨加工主要还是使用直流电。

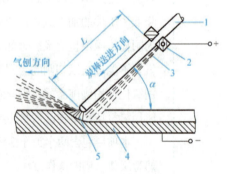

图 5-1　炭弧气刨示意图
1—炭棒　2—气刨枪夹头　3—压缩空气
4—工件　5—电弧

##### 二、炭弧气刨与切割的分类与特点

根据使用的装置,炭弧气刨可分为手工炭弧气刨、自动炭弧气刨、半自动炭弧气刨、炭弧水气刨等。其中手工炭弧气刨及自动炭弧气刨是最常用的。

炭弧气刨与切割的特点如下:

1)生产率高。相比于风铲,生产效率比风铲高 4 倍左右,尤其是在全位置切割时优越性更大,从而降低了工件的加工费用。

2)改善了劳动条件,降低了劳动强度。相对于风铲,劳动强度明显降低,噪声也较低。

3)操作较为简单。工人稍加培训即能从事操作,易于推广应用。

4)质量好。在清除焊缝或铸件缺陷时,容易发现各种细小的缺陷,有利于后续焊接质量的提高。

5)灵活性高,使用方便。炭弧气刨枪手柄,即使在狭窄部位,也能方便操作。

6)能切割的材料种类多。由于炭弧气刨是利用高温而不是利用氧化作用刨削金属,因而不但适用于黑色金属,还适用于用氧气切割法不能或难以切割的金属,如铸铁、不锈钢和铜等材料;比较适合在无等离子弧切割设备的场合使用。

7)设备简单,使用成本低,操作安全。

8)操作不当,易使槽道增碳;炭弧气刨与切割时会产生烟雾、粉尘等污染物及弧光,在狭小的空间内及通风不良处操作时,应配备相应的通风设备。

### 三、炭弧气刨与切割的应用范围

炭弧气刨与切割由于具有效率高、劳动强度低等优点,因而被广泛应用于造船、机械制造、锅炉、金属结构制造等部门,成为生产中一种重要的工艺技术手段。其主要用途如下:

1)焊缝清根和背面开槽。

2)刨除焊缝或钢材中的缺陷。

3)开焊接坡口,特别是 U 形坡口。

4)刨除焊缝余高。

5)切割铸件的浇口、冒口、飞边、毛刺等。

6)刨削铸件表面或内部的缺陷。

7)无等离子弧切割设备的场合,切割不锈钢、铜及铜合金等。

8)在板材上开孔。

图 5-2 给出了炭弧气刨与切割应用实例。

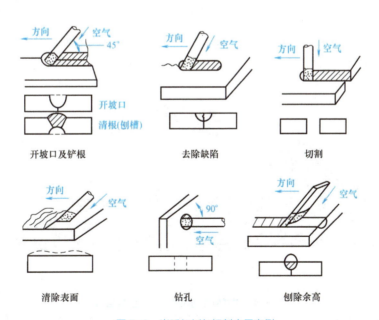

图 5-2 炭弧气刨与切割应用实例

### 四、炭弧气刨装置

炭弧气刨装置主要由电源、炭弧气刨枪、炭棒、压缩空气源、电缆及压缩空气管等组成。炭弧气刨装置示意图见图5-3。自动炭弧气刨装置还配备有自行式小车和导轨以及控制装置。

### 1. 电源

炭弧气刨一般采用具有陡降特性以及良好的动特性的手工直流电源。由于炭弧气刨使用的电流往往比较大，且连续工作时间较长，因此应选用功率较大的电源或焊机，例如 AX1-500，ZX5-500 等。当选用硅整流弧焊机时，应注意防止过载，以保证设备使用安全。

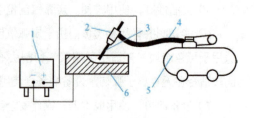

图 5-3 炭弧气刨装置

1—电源 2—炭弧气刨枪 3—炭棒 4—电缆及压缩空气管 5—空气压缩机 6—工件

工频交流焊接电源电流过零时间较长，会引起电弧不稳定，因此不推荐将其作为炭弧气刨电源。但近年来研制成功的交流方波焊接电源，尤其是逆变式交流方波焊接电源的过零时间短，且动态特性和控制性能优良，可应用于炭弧气刨。

### 2. 炭弧气刨枪

炭弧气刨枪是炭弧气刨的主要工具。按压缩空气喷射方式，炭弧气刨枪分为侧面送风式和圆周送风式两种，另外还有一种外加喷水的水雾炭弧气刨枪。生产中经常使用的是侧面送风式及圆周送风式炭弧气刨枪。

（1）侧面送风式炭弧气刨枪　侧面送风式炭弧气刨枪是压缩空气沿炭棒下部喷出并吹向电弧后部的一种炭弧气刨枪。下面介绍两种主要的侧面送风式炭弧气刨枪：钳式侧面送风式炭弧气刨枪和旋转式侧面送风式炭弧气刨枪。

1）钳式侧面送风式炭弧气刨枪。钳式侧面送风式炭弧气刨枪结构如图5-4所示。与电弧焊焊把类似，用钳口夹持炭棒。在钳口的下颚处装有一个用于导电及送进压缩空气的铜质钳头（件22）。压缩空气从钳头上的小孔（该刨枪钳头上只有两个小孔）喷出并集中吹在炭棒电弧的后侧。

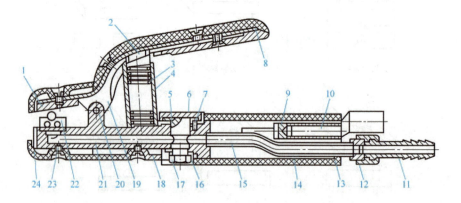

图 5-4 钳式侧面送风式炭弧气刨枪结构

1—上钳口　2—凸座　3—弹簧　4—保护套管　5—平头螺钉　6—旋塞　7—定位销
8—绝缘套　9—导电杆　10—电缆接头　11—风管接头　12—风管螺母　13—加固环
14—手柄　15—风管　16—垫圈　17—螺母　18—下钳把护套　19—上钳把
20—销钉　21—下钳把　22—钳头　23—紧定螺钉　24—钳口紧固板

这种炭弧气刨枪的特点是：

① 结构较简单。

② 压缩空气始终吹到熔化的铁液上，炭棒前后的金属不受压缩空气影响。

③ 炭棒伸出长度调节方便，圆形及扁形炭棒均能使用。

它的缺点是：

① 操作不灵活，只能向左或向右单一方向进行气刨。

② 压缩空气喷孔只有两个，喷射面不够宽，影响刨削效率。

针对上述两个缺点，有的炭弧气刨枪把钳头喷气孔由2个增至3个，并将孔按扇形排列（图5-5a），扩大了送风范围，提高了刨削效率。有的把钳头的喷气孔增至7个（图5-5b），专门用于矩形炭棒，而且在下部加一个转动轴，这样可以改变钳口方向，提高了操作灵活性。

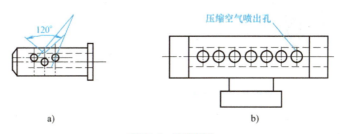

图5-5 改进钳头

a）扇形喷气孔钳头　b）带转动轴的7孔钳头

2）旋转式侧面送风式炭弧气刨枪。图5-6所示为旋转式侧面送风式炭弧气刨枪结构简图。其特点如下。

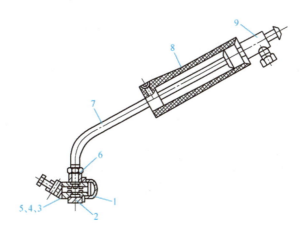

图5-6 旋转式侧面送风式炭弧气刨枪结构简图

1—锁紧螺母　2—连接套　3—喷嘴Ⅰ　4—喷嘴Ⅱ
5—喷嘴Ⅲ　6—螺母　7—枪杆　8—手柄　9—气电接头

① 操作性好。对于不同尺寸的圆炭棒或扁炭棒，备有相应的黄铜喷嘴，喷嘴在连接套中可作360°回转。连接套与主体采用螺纹连接，并可进行适当转动，因此气刨枪头可按工作需要转到所

需位置。

② 炭弧气刨枪的主体及气电接头都采用绝缘壳保护。

③ 结构轻巧，加工制造方便。

（2）圆周送风式炭弧气刨枪 图5-7所示为78-Ⅰ型圆周送风式炭弧气刨枪结构。同侧面送风式炭弧气刨枪不同，压缩空气沿炭棒四周喷出，这样既可均匀冷却炭棒，对电弧有一定的压缩作用，又能使熔渣沿刨槽的两侧排出，同时刨槽的前端不堆积熔渣，便于看清刨削位置。这种刨枪是目前应用较多的一种炭弧气刨枪。

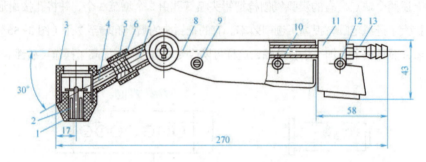

图5-7 78-Ⅰ型圆周送风式炭弧气刨枪结构

1—绝缘喷嘴 2—炭棒弹性夹 3—腔体 4—下枪体连接件 5—连接螺钉
6—玻璃纤维嵌铜芯螺母 7—上枪体连接件 8—手柄 9—平头螺钉 10—进气管
11—电缆接头 12—紧固螺钉 13—进气管接头

其特点如下：

1）结构紧凑、质量小、绝缘好、送风量大。

2）操作灵活。枪头可任意转向，能满足各种空间位置操作的需要。

3）适用性广。配有各种规格的炭棒夹头，既可使用圆炭棒，也可使用矩形炭棒。

（3）水雾炭弧气刨枪 水雾炭弧气刨枪是在炭棒周围同时喷射压缩空气和经充分雾化的水珠的一种气刨枪。其结构如图5-8所示。它在一般炭弧气刨枪的枪体上加装喷水装置，利用压缩空气使水雾化。其优点如下：

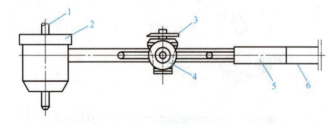

图5-8 水雾炭弧气刨枪结构

1—炭棒 2—喷嘴体 3—压缩空气调节阀 4—水量调节阀 5—手柄 6—水、电、气汇集接头

1）能够改善操作环境。水雾能吸收金属粉尘和炭尘，可改善操作环境。

2）能够减少炭棒消耗。水雾具有压缩电弧、提高电弧温度和冷却炭棒的作用，从而可减少炭棒的消耗。

（4）半自动炭弧气刨枪　半自动炭弧气刨枪的结构如图5-9所示。它配有自动送棒机构，如图5-10所示，因而在操作过程中可以自动送给炭棒。半自动炭弧气刨枪采用圆周送风式结构，其头部构造与圆周送风式气刨枪相同。

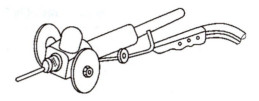

图5-9　半自动炭弧气刨枪的结构

使用半自动炭弧气刨枪时，为了使炭弧气刨过程稳定持续地进行，必须注意要使炭棒的进给速度与其消耗速度相等。炭棒的进给速度和主动轮与进给轮直径之比有关，炭棒的消耗速度同炭棒直径和电流大小有关。两者匹配的方法是：在炭棒直径一定或规格较接近时，利用调节压紧弹簧的压力来调整送棒速度；当炭棒的规格相差较大时，则应更换进给轮的尺寸。半自动炭弧气刨枪备有三种规格的进给轮：一种可用于$\phi$4mm、$\phi$5mm和$\phi$6mm炭棒，一种可以用于$\phi$7mm和$\phi$8mm炭棒，还有一种可以用于$\phi$9mm和$\phi$10mm炭棒。

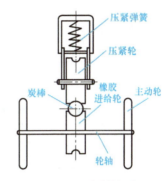

图5-10　自动送棒机构原理

半自动炭弧气刨枪的特点是：

1）能获得平整光滑的刨槽，刨槽质量好。

2）生产效率高，劳动强度低。

3）特别适用于长的平直焊缝的背面刨槽。

**3. 炭棒**

炭棒是易耗品。炭弧气刨用炭棒由石墨、炭粉和黏结剂混合后经压制成形，然后经石墨化处理并在表面镀铜，镀铜层的厚度为0.3～0.4mm。炭棒的质量和规格由国家标准规定。

（1）圆形炭棒和矩形炭棒　常用的炭棒有圆形炭棒和矩形炭棒两种，如图5-11和图5-12所示。圆形炭棒主要用于焊缝的清根、背面开槽及清除焊接缺陷等。矩形炭棒则用于刨除构件上残留的临时焊道和焊疤、消除焊缝的余高和焊瘤，以及炭弧切割等。表5-1列出了各种炭棒的型号和规格，表5-2、表5-3分别给出了圆形炭棒和矩形炭棒的额定工作电流。

图5-11　圆形炭棒

图5-12　矩形炭棒

表 5-1 炭棒的型号和规格（JB/T 8154—2006） （单位：mm）

| 型号 | 截面形状 | 规格尺寸 | | |
|---|---|---|---|---|
| | | 直径 | 截面 | 长度 |
| B504～B516 | 圆形 | 4～16 | — | 305 |
| | | | | 355 |
| B5412～B5620 | 矩形 | — | 4×12  5×10<br>5×12  5×15<br>5×18  5×20<br>5×25  6×20 | 305 |
| | | | | 355 |
| BL508～BL525 | 圆形（连接式） | 8～25 | — | 355, 430, 510 |

表 5-2 圆形炭棒的额定工作电流（JB/T 8154—2006）

| 圆形炭棒规格/mm | 4 | 5 | 6 | 7 | 8 | 9 | 10 | 11 | 12 | 13 | 14 | 16 | 19 | 25 |
|---|---|---|---|---|---|---|---|---|---|---|---|---|---|---|
| 额定电流/A | 180 | 225 | 325 | 350 | 400 | 500 | 600 | 700 | 850 | 900 | 1000 | 1100 | 1400 | 1800 |

注：操作时的实际电流不超过额定值的 ±10%；空气压力为 0.5～0.6MPa。

表 5-3 矩形炭棒的额定工作电流（JB/T 8154—2006）

| 矩形炭棒规格/mm | 4×12 | 5×10 | 5×12 | 5×15 | 5×18 | 5×20 | 5×25 | 6×20 |
|---|---|---|---|---|---|---|---|---|
| 额定电流/A | 200 | 250 | 300 | 350 | 400 | 450 | 500 | 600 |

（2）特种炭棒　为适应各种刨削工艺的需要，除圆形及矩形炭棒外，还开发了一些特种炭棒。

1）管状炭棒。这种炭棒用于槽道底部的扩宽，如图 5-13a 所示。

2）多角形炭棒。这种炭棒用于一次刨削欲获得较宽或较深的槽道，如图 5-13b 所示。

3）自动炭弧气刨用炭棒。这种炭棒的前端呈锥形，末端有一段为中空形，专用于自动炭弧气刨过程中炭棒的自动接续，如图 5-13c 所示。

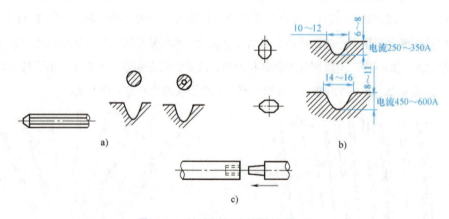

图 5-13　特种炭棒及刨削的槽道形状

a）管状炭棒　b）多角形炭棒　c）自动炭弧气刨用炭棒

4）交流电炭弧气刨用炭棒。这种炭棒的中心部分为稳弧剂，稳弧剂可以使电弧在电流交变时有较好的稳定性。

**4. 送气软管**

送气软管是将压缩空气输向炭弧气刨区的通道。一般地，对于直径为 9mm 以下的炭棒，送气软管的内径和接头宜选用 $\phi 6.4$mm；对于直径大于 9.5mm 的炭棒，送气软管的内径和接头宜选用 $\phi 9.5$mm。

一般炭弧气刨枪需接上电源导线和送气软管。送气软管和电缆一般是分开的，需分别接插，操作不便。为了便于操作，同时防止电源导线过热，可采用电、气合一的软管，其结构如图 5-14 所示。对于这种软管，由于压缩空气通过时能够对导线起冷却作用，因此不但解决了大电流长时间使用情况下导线的发热问题，而且使导线截面相应减小。

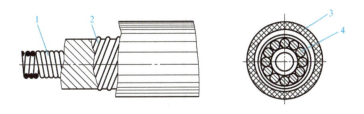

图 5-14 电、气合一炭弧气刨枪软管结构
1—弹簧管 2—外附铜丝 3—胶管 4—多股导线

电、气合一的炭弧气刨枪软管具有质量小、使用方便灵活、节省材料等优点。

**5. 气路系统**

气路系统包括压缩空气源、管路、气开关和调节阀等。压缩空气的压力应为 0.4～0.6MPa；对压缩空气中所含的水、油等应加以限制，必要时应加装过滤装置。

**6. 炭弧气刨设备种类**

（1）自动炭弧气刨机　图 5-15 所示为自动炭弧气刨机及行走机构。自动炭弧气刨机主要由自动炭弧气刨小车、电源、控制箱和轨道等组成。

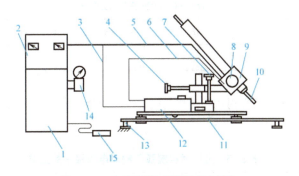

图 5-15 自动炭弧气刨机及行走机构
1—主电路接触器 2—控制箱 3—牵引爬行器电缆 4—水平调节器 5—电缆及气管 6—电动机控制电缆
7—垂直调节器 8—伺服电动机 9—气刨头 10—炭棒 11—轨道 12—牵引爬行器
13—定位磁铁 14—压缩空气调压器 15—遥控器

该设备可以实现炭棒的自动进给、接棒，自动完成刨削任务，效率较手工炭弧气刨高，炭棒消耗量少，刨槽的精度高、稳定性好，刨槽平滑均匀，边缘变形小。该设备适用于长直槽道的刨削或圆筒体环向焊缝的清根。

（2）炭弧水气刨设备　炭弧气刨产生的烟雾和烟尘严重污染环境，影响工人的身体健康，为此，在炭弧气刨的基础上增加供水器和供水系统，用以产生水雾，可减小和控制烟尘和烟雾的危害。图5-16所示为供水器结构。

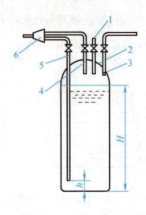

图 5-16　供水器结构

1—进气管　2—容器　3—进水管　4—出气管　5—出水管　6—水、气混合三通接头

### 五、不锈钢炭弧气刨的工艺参数

#### 1. 炭弧气刨工艺参数

（1）炭棒直径　在选择炭棒直径时主要考虑两方面的因素：一是钢板的厚度，二是刨槽宽度，但以钢板厚度为主，适当考虑刨槽宽度。炭棒直径一般应比所需的槽宽小 2～4mm。表5-4列出了不同板厚应选用的炭棒直径。

表 5-4　炭棒直径的选用

| 板厚/mm | 4～6 | >6～8 | >8～12 | >12～15 | >15 |
|---|---|---|---|---|---|
| 炭棒直径/mm | 4 | >5～6 | >6～7 | >7～10 | >10 |

（2）极性　直流电源极性对刨削过程的稳定性和质量有一定的影响。表5-5给出了不同金属材料应选择的极性。

表 5-5　金属材料炭弧气刨对电源极性的要求

| 金属材料 | 电源极性 | 备注 |
|---|---|---|
| 碳素钢 | 直流反接（DCRP） | 正接时电弧不稳定，刨槽表面不光滑 |
| 合金钢 | 直流反接（DCRP） | |

(续)

| 金属材料 | 电源极性 | 备注 |
|---|---|---|
| 铸铁 | 直流正接（DCSP） | 反接亦可，但操作性比正接差 |
| 铜及铜合金 | 直流正接（DCSP） | |
| 铅及铅合金 | 直流正接或反接 | |
| 锡及锡合金 | 直流正接或反接 | |

（3）刨削电流　刨削电流应根据炭棒规格和刨槽尺寸选用。适当增大电流，刨槽的深度和宽度增大，刨削速度也可提高，且刨槽表面光滑。但电流过大，易使炭棒头部过热而发红，镀铜层脱落，炭棒烧损加快，甚至炭棒熔化滴入槽道内，使槽道严重渗碳。正常电流下，炭棒发红长度约为25mm。如果电流较小，则电弧不稳，且易产生粘渣、夹碳缺陷，而且效率低。对于刨削电流的选择，可遵循下列经验公式

$$I = (30 \sim 50)d$$

式中　$I$——电流（A）；

　　　$d$——炭棒直径（mm）。

在实际应用时，还应考虑炭弧气刨枪的送风方式、炭棒冷却情况、作业性质以及操作工的熟练程度。如果工人操作熟练，可以采用较大的电流，以加快刨削速度。在清除焊缝缺陷或者铸铁缺陷时，宜选用小的电流，以利于检查缺陷是否清除。

（4）刨削速度　刨削速度影响刨槽尺寸、表面质量和刨削过程的稳定性。刨削速度太快，易造成炭棒与金属接触，使电弧熄灭并引起夹碳缺陷。刨削速度太慢，电弧变长，易造成电弧不稳定。另外，随着刨削速度加快，槽道深度减小。一般刨削速度取 0.5 ~ 1.2m/min 为宜。

（5）炭棒伸出长度　炭棒伸出长度指炭棒从气刨枪钳口导电处至电弧始端的长度。伸出长度大，电阻也大，炭棒易发热；同时，由于压缩空气对炭棒的冷却作用也有所减弱，炭棒烧损较大，而且易造成风力不足，不能将熔渣顺利吹掉，炭棒也容易折断。伸出长度过小，妨碍对刨槽过程和方向的观察，操作不便。根据经验，一般炭棒伸出长度取 80 ~ 100mm 为宜。随着炭棒烧损，当烧损至 30 ~ 40mm 后就要进行调整。

（6）炭棒与工件间的夹角　炭棒与工件沿刨槽的方向间的夹角称为炭棒与工件间的夹角，如图5-1所示，用 $\alpha$ 表示。该夹角的大小，主要影响刨槽深度、刨槽宽度和刨削速度。夹角增大，刨削深度增加，但槽宽略有减小，刨削速度减小。表5-6是炭棒夹角与槽深的关系。一般刨槽时 $\alpha$ 取 25° ~ 45° 为宜，如图5-17所示。

表5-6　炭棒夹角与槽深的关系

| 炭棒夹角/（°） | 25 | 35 | 40 | 45 | 50 | 85 |
|---|---|---|---|---|---|---|
| 刨槽深度/mm | 2.5 | 3.0 | 4.0 | 5.0 | 6.0 | 7 ~ 8 |

图 5-17 炭棒夹角

当板厚不大或施工条件限制需先装配接头后刨削时，接头根部间隙应严格控制，否则刨削薄板时易刨穿，刨削较厚板时熔渣嵌入缝隙，不易去除，影响焊接质量。表 5-7 是自动炭弧气刨的工艺参数。

表 5-7 自动炭弧气刨的工艺参数

| 炭棒直径/mm | 刨削电流/A | 电弧电压/V | 刨削速度/(cm/min) | 压缩空气压力/MPa | 炭棒倾角/(°) | 炭棒伸出长度/mm | 刨槽尺寸/mm 宽度 | 刨槽尺寸/mm 深度 |
|---|---|---|---|---|---|---|---|---|
| φ6 | 280~300 | 40 | 120 | 0.5~0.6 | 40 | 25 | 8.2~8.5 | 4~4.5 |
| φ8 | 320~350 | 42 | 140 | | 35 | | 12~12.4 | 5.3~5.7 |

（7）电弧长度　电弧的长度决定气刨工作能否顺利地进行。电弧长度大于 3mm 时，电弧就不稳定，如电弧再拉长一些，就会被强烈的压缩空气吹灭。若操作时电弧太短，则容易引起"夹碳"缺陷。操作中，电弧长度以 1~3mm 为宜，并尽量保持短弧。这样可以提高生产效率，同时也可提高炭棒的利用率。在刨削过程中弧长变化应尽量小，以保证得到均匀的刨削尺寸。

（8）压缩空气压力　压缩空气的压力会直接影响刨削速度和刨槽表面质量。压力太小时，熔化的金属吹不掉，刨削很难进行。压力低于 0.4MPa 时，就不能进行刨削。当电流较大时，熔化金属量增加，压缩空气压力高，有利于吹除熔化金属，对刨削有利；但当电流较小时，高的压缩空气压力易使电弧不稳，甚至熄弧。

炭弧气刨常用的压缩空气压力为 0.4~0.6MPa，压缩空气所含水分和油分都应清除，可在压缩空气的管道中加过滤装置，以保证刨削质量。

2. 炭弧气刨开 U 形坡口、V 形坡口和清焊根

（1）开 U 形坡口　首先应根据 U 形坡口的开口宽度来选择炭棒直径。

当厚度小于 16mm 的钢板需开 U 形坡口时，在一般的情况下，一次刨削就能成形。当工件的厚度大于 16mm，需开较宽的 U 形坡口时，只要 U 形槽的深度不超过 7mm，可按图 5-18 所示次序进行刨削，底部可以一次刨成，而后分别加宽两侧。当钢板的厚度超过 20 mm，要求 U 形坡口

开得很大时，可按图 5-19 所示次序进行多次刨削。按照这样的次序刨削，既不会使炭棒与槽侧壁相碰而引起过烧，又能保证炭弧稳定燃烧。

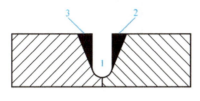 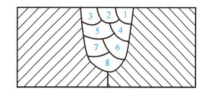

图 5-18　开口较宽的 U 形坡口刨削次序　　　图 5-19　厚度超过 20mm 时开 U 形坡口刨削次序

（2）开 V 形坡口和清焊根　对于厚度小于 12mm 的钢板，开 V 形坡口时，只要把炭棒向一侧倾斜，一次即可刨成，如图 5-20 所示。对于厚度大于 12mm 的钢板，开 V 形坡口时，可分几次刨削，刨削的次序如图 5-21 所示。

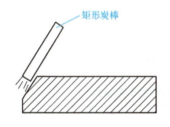 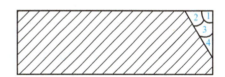

图 5-20　用矩形炭棒刨削 V 形坡口　　　图 5-21　厚度大于 12mm 的钢板开 V 形坡口的次序

清焊根的实质和薄板开 U 形坡口差不多，因此刨削方法可参考薄板开 U 形坡口。

### 3. 不锈钢的炭弧气刨工艺

对于不锈钢的炭弧气刨，人们最关心的是刨槽表面是否渗碳，是否影响不锈钢的抗晶间腐蚀性能。表 5-8 给出了不锈钢刨槽表面不同部位含碳量的测定结果。

表 5-8　炭弧气刨不锈钢含碳量分析

| 取样部位 | 母材 | 炭弧气刨飞溅金属 | 刨槽边缘粘渣 | 刨层表面 0.2～0.3mm |
|---|---|---|---|---|
| 含碳量（质量分数，%） | 0.07～0.075 | 1.3 | 1.2 | 0.075 |

从表 5-8 可以看出，不锈钢刨槽基本上不发生渗碳现象。但刨槽边缘的粘渣和飞溅金属渗碳现象非常严重。如果操作不当，粘渣和飞溅金属渗入焊缝时，将显著增加焊缝的含碳量。因此，对于有抗晶间腐蚀要求的不锈钢焊件，允许采用炭弧气刨清焊根和开坡口，但气刨表面要打磨至露出金属光泽，特别是刨槽两边的粘渣，更要充分打磨干净，方可施焊。

表 5-9 给出了不锈钢炭弧气刨工艺参数。表 5-10 给出了 18-8 型不锈钢水雾炭弧气刨工艺参数。

表 5-9 不锈钢炭弧气刨工艺参数

| 炭棒 \ 参数 | 炭棒规格/mm | 刨削电流/A | 炭棒伸出长度/mm | 炭棒倾角/(°) | 空气压力/MPa |
|---|---|---|---|---|---|
| 圆炭棒 | φ4 | 150~200 | 50~70 | 35~45 | 0.4~0.6 |
| | φ5 | 180~210 | | | |
| | φ6 | 180~300 | | | |
| | φ7 | 200~350 | | | |
| | φ8 | 250~400 | | | |
| | φ9 | 350~500 | | | |
| | φ10 | 400~550 | | | |
| 矩形炭棒 | 4×8 | 200~300 | 50~70 | 30~45 | 0.4~0.6 |
| | 4×12 | 300~350 | | | |
| | 5×10 | 300~400 | | | |
| | 5×15 | 350~450 | | | |

表 5-10 18-8 型不锈钢水雾炭弧气刨工艺参数

| 炭棒规格/mm | 炭棒伸出长度/mm | 刨削电流/A | 空气压力/MPa | 炭棒夹角/(°) 起刨时 | 炭棒夹角/(°) 刨削时 | 水雾水量/(mL/min) |
|---|---|---|---|---|---|---|
| φ7 | 70~90 | 400~500 | 0.45~0.6 | 15~25 | 25~45 | 65~80 |

### 4. 不锈钢的炭弧空气切割

利用炭弧切割不锈钢，在操作方法上与炭弧气刨开槽基本相同。当钢板太厚，一次刨槽不能割透时，可以在切割线上重复多次刨槽，直至割透。

采取多次刨槽的方式切割不锈钢时，刨削电流比炭弧气刨时小一些，刨削速度快一些。每次刨槽深度应稍小，这样可以防止"夹碳"现象的产生。

从厚板中间切割零件时，应先沿切割线隔一定距离钻一定直径的孔。对于不锈钢薄板，可不钻孔直接切割。例如在图 5-22 所示的钢板上采用炭弧空气切割不锈钢法兰（图中阴影部分），应首先沿切割线钻出多个直径为 φ20mm 的孔，孔距为板厚的 4~5 倍，其目的是使熔渣容易排除，然后多次刨削，直至割透。

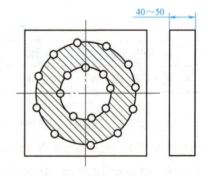

图 5-22 不锈钢法兰的炭弧空气切割

切割厚度为 20~125mm 的不锈钢板时，采用矩形炭棒可以获得光洁整齐的切口，且切割速度高。例如切割厚度为 25mm 的不锈钢板，采用 5mm×18mm 的矩形炭棒、AX1-500 型焊机，采用两侧送风的钳式气刨枪，切割电流为 500A 左右，切割时用炭棒的侧面与钢板的整个厚度引弧，并"切入"钢板（图 5-23）。

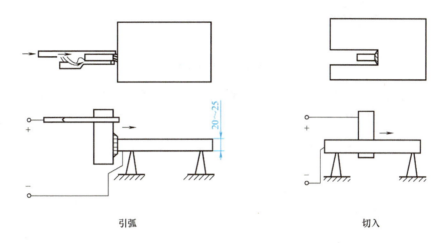

图 5-23 炭弧空气切割不锈钢

### 六、炭弧气刨的操作技术

#### 1. 炭弧气刨前准备工作

1）清理工作场地，在 10m 范围内应无易燃、易爆物品。

2）检查电缆是否完好，电缆接头处是否接触良好。检查空气管道是否漏气。

3）检查电源极性是否正确。在设备电源极性标注不好的情况下，可以采用两种方法检查电源极性，一是用仪器，例如万用表；另一种是试刨，拿一块低碳钢板进行试刨，刨削质量较好时是反接，刨削质量较差时是正接。

4）根据气刨作业的性质和要求正确选定炭棒种类和直径，并根据炭棒直径选择并调节刨削电流。

5）调节压缩空气的压力至所需大小。

#### 2. 炭弧气刨与切割操作技术

1）起弧前必须先送压缩空气，以免槽道产生"夹碳"现象。电弧引燃瞬间，不宜拉得过长，以免电弧熄灭。

2）开始刨削时钢板温度低，不能很快熔化，当电弧引燃后，刨削速度应慢一些，以免夹碳。当钢板熔化且被压缩空气吹走时，可适当加快刨削速度。

3）刨削过程中，炭棒不能做横向移动和前后往复运动，只能沿刨削方向做直线运动。

4）炭弧气刨时，经常在刨削一段槽以后，要停下来调整炭棒的伸出长度。在调整炭棒时，最好不要停止送风，以免槽道产生"夹碳"现象并可减少炭棒的烧损。

5）要注意刚起弧时气刨枪手柄向下按时手的动作要轻一点，起弧的速度也要慢一点。当起弧的地方深度不一样时，起弧的方法也有所不同，如图 5-24 所示。

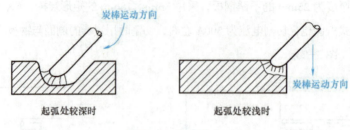

图 5-24　起弧动作

6）炭弧气刨的灭火点往往也是以后焊接时的收弧坑，如果气刨炭棒沿运动方向的收弧操作不好，在刨槽里留下熔化过的金属，那么这些金属由于含碳和氧都较多，以后焊接时收弧坑处容易出现缺陷。为了收弧良好，可以采用过渡式收弧法，如图 5-25 所示。

7）炭弧气刨操作时，眼睛要盯住基准线，同时，要注意刨槽的深浅。两耳要仔细聆听炭弧发出的响声，因为空气的摩擦作用会使炭弧发出响声，弧长不同时，声音也不一样。刨深槽时，为了刨得准，可先试刨一条浅槽，然后沿这条浅槽再往深处刨。

图 5-25　过渡式收弧法

8）刨槽表面的光滑程度同操作是否平稳有很大的关系，如果操作时手柄稍有上下波动，刨槽表面就会出现明显的凸凹不平，因此，在操作过程中手柄端得一定要平稳。

9）炭弧气刨时，要保持刨削速度均匀，清脆的嘶嘶声表示电弧稳定，这时能得到光滑均匀的刨槽。速度太快易短路，使工件增碳；速度太慢易断弧，刨槽质量差。刨槽衔接时，应在弧坑上引弧，防止触伤刨槽或产生严重凹痕。

10）夹紧炭棒时，要调节炭棒伸出长度为 80～100mm，消耗到 30～40mm 时要重新调整炭棒的伸出长度，如图 5-26 所示。

11）炭棒夹持要端正。炭棒可以有一定的倾角，但不能偏向槽的任何一侧，即炭棒中心线应与刨槽中心线重合，否则刨槽形状不对称，如图 5-27 所示。

图 5-26　调整炭棒

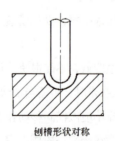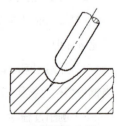

图 5-27　炭棒与工件的相对位置

12）在垂直位置刨削时，应由上向下操作，这样重力的作用有利于除去熔化金属；在水平位置刨削时，既可从右向左操作，也可从左向右操作；在仰位刨削时，熔化金属由于重力的作用很容易落下，应注意防止熔化金属烫伤操作人员。

13）在刨削工作开始和进行过程中，压缩空气不许中断，否则可能烧损气刨枪。刨削结束时应先拉断电弧，再关闭压缩空气。

14）焊缝背面开槽时，要注意保持一定的炭棒角度，电弧宜短些（保持弧长约3mm），并均匀地向前刨削，以获得尺寸一致、表面光洁的槽道。

15）在厚板中开深坡口时，要采取分段逐层刨削的办法。

16）在刨削过程中，尽量避免炭棒与切口发生短路，否则会在该处形成含碳量很高的脆硬层。短路时，必须将该脆硬层去除，如图5-28所示，然后才能继续刨削。

图5-28 去除脆硬层

17）清除焊缝中的裂纹时，应先将裂纹两端刨去一部分，以免裂纹受热扩展；然后以较大的刨削量连续向下刨，直至裂纹完全被刨除。

18）对于封底焊缝的开槽，刨削结束后应仔细进行检查，包括检查槽道的宽度和深度是否一致，检查焊根中的缺陷是否完全消除，检查是否存在"夹碳"现象，并应清除刨槽及边缘的铁渣、毛刺和氧化皮等，用钢丝刷清除刨槽内的炭灰和"铜斑"。

19）刨削厚度为5mm以下的工件时，应选用小直径的炭棒和较低的刨削电流（如选 $\phi$4mm 炭棒，刨削电流为90~105A），同时适当加快刨削速度。

二维码5-1 不锈钢的炭弧气刨工艺

不锈钢的炭弧气刨工艺微课见二维码5-1。

## 七、炭弧气刨常见的缺陷及预防措施

### 1. 夹碳

当刨削速度太快或炭棒送进过快，使炭棒头部触及铁液或未熔化的金属时，电弧就会因短路而熄灭。由于此时温度很高，当炭棒再往前送或上提时，端部易脱落并粘在未熔化金属上，产生"夹碳"缺陷，如图5-29所示。

发生夹碳后，在夹碳处电弧不能再引燃，这样就阻碍了炭弧气刨的继续进行。此外，夹碳处还会形成一层硬脆且不容易清除的碳化铁。由于"夹碳"缺陷极易导致随后焊接过程中出现气孔和裂纹等缺陷，因此刨削时必须注意防止和清除这种缺陷。清除的方法是在缺陷的前端引弧，将夹碳处连根一起刨除，或用角形磨光机磨掉。

### 2. 粘渣

炭弧气刨操作时，吹出来的铁液即为"渣"，它的表面是一层氧化铁，内部是含碳很高的金属。如果渣粘在刨槽的两侧，即产生粘渣，如图 5-30 所示。

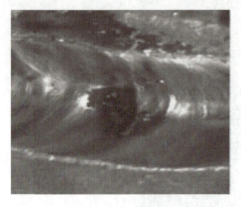

图 5-29　夹碳

图 5-30　粘渣

引起粘渣的主要原因是压缩空气压力太小。但当刨削速度与电流配合不当，刨削速度太慢时也易引起粘渣，在采用大电流时则更为明显。另外，炭棒倾角过小时也易粘渣。粘渣可采用风铲清除。

### 3. 刨槽不正或深浅不均

炭棒歪向刨槽的一侧就会引起刨槽不正，炭棒运动时若出现上下波动，就会引起刨槽的深度不均，如图 5-31 所示，炭棒的角度变化同样能使刨槽的深度发生变化。刨槽前，应注意炭棒与工件的相对位置，提高操作的熟练程度。

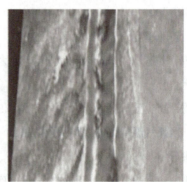

图 5-31　刨槽不正或深浅不均

### 4. 刨偏

刨削时炭棒偏离预定目标称为刨偏。由于炭弧气刨速度比较快，大约比电弧焊高 2～4 倍，技术不熟练或稍不注意就容易刨偏。

提高操作的熟练程度和操作时的注意力可以防止刨偏。另外，选择合适的刨枪在一定程度上也能减少刨偏。例如，采用带有长方槽的圆周送风式和侧面送风式刨枪，均不易将渣吹到正前方，不妨碍刨削视线，也就减小了刨偏缺陷出现的概率。

### 5. 铜斑

采用表面镀铜的炭棒时，有时因镀铜质量不好，会使铜皮成块剥落，剥落的铜皮呈熔化状态，附着在刨槽的表面形成铜斑。在焊前用钢丝刷或砂轮机将铜斑清除，就可避免母材的局部渗铜。如不清除，铜渗入焊缝金属的量达到一定数值时，就会引起热裂纹。为避免这种缺陷，应选用镀层质量好的炭棒，采用合适的电流，并注意焊前用钢丝刷或砂轮机将表面清理干净。

### 八、炭弧气刨的安全防护

炭弧气刨时要注意的安全事项和焊条电弧焊基本相同，主要应注意下列几点：

1）防止触电。电源设备（电焊机或硅整流气刨机）的外壳要接地，气刨枪手柄绝缘良好，操作时要穿上绝缘橡胶鞋和佩戴手套，电源开关应装有绝缘良好的手柄。开关应使用符合规格的熔丝，绝不允许用铜丝代替。

2）操作人员应戴上深色护目镜，以防炭弧气刨的强弧光伤眼。若受弧光辐射或引起暂时性的皮肤灼伤。如有眼睛疼痛、发热、流泪、畏光、皮肤发痒等感觉时，可用湿毛巾敷在眼上，也可用水豆腐洗涤，或用鲜牛奶滴入眼中，切不可用肥皂水洗涤。

3）应注意防止喷吹出来的熔融金属烧损作业服，工作地点应用挡板或其他遮挡物与周围隔开，并应注意防火。刨削过程中，操作者应站在上风位置，观察炭弧不宜过近。

4）操作者宜佩戴送风式面罩。因为气刨时烟尘大，另外由于炭棒使用沥青黏结而成，表面镀铜，因此烟尘中含有铜，并会产生有害气体，吸入后对身体有害。

5）在容器内或狭小部位操作时，必须采取措施加强环境抽风，及时排出烟尘。

6）炭弧气刨时，使用的电流较大，应注意防止焊机运行过载和长时间使用而产生过热现象。

7）气刨时，产生的噪声较大，操作者应佩戴耳塞。

8）防止燃烧和爆炸。燃烧和爆炸也是气刨时容易发生的事故，因此必须引起高度重视。在刨削盛过油类的容器（如汽油罐、油桶等）时，刨削前必须仔细清理，可用含10%～20%（质量分数）的苛性钠热水冲洗，吹干水分，打开盖子。刨削有压力的容器时，应将容器内的压力完全放掉。在刨削地点周围5m范围之内，不能放有易燃、易爆的物品。

9）刨削后的零件不能随便乱丢，需妥善管理，绝对不能把它丢在易燃、易爆物品的附近，以免发生火灾。

## 任务实施

具体实例：某钢制容器圆筒体壁厚为12mm，封头壁厚为14mm，材质为06Cr19Ni10。该容器的最高工作温度为150℃，工作介质为蒸馏水，工作压力为2.2MPa，试验压力为2.75MPa。坡口形式和尺寸如图5-32所示。

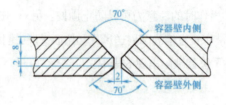

图 5-32 坡口形式和尺寸

## 一、工作准备

**1. 设备及材料**

多用直流炭弧气刨割焊机、钳式侧面送风式炭弧气刨枪、炭棒。

**2. 气体**

压缩空气。

**3. 工具**

手套、护目镜、钢丝刷等工具。

## 二、工作程序

分析：工件的工作温度不在晶间腐蚀的敏化区内，介质的腐蚀强度不高，可以使用炭弧气刨清根。为了减少炭弧气刨的影响，可采用图 5-33 的焊接顺序。

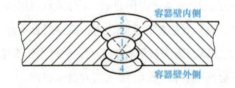

图 5-33 焊接顺序

表 5-11 给出了采用的炭弧气刨工艺参数。

表 5-11　06Cr19Ni10 炭弧气刨工艺参数

| 炭棒规格/mm | 炭棒伸出长度/mm | 刨削电流/A | 空气压力/MPa | 炭棒夹角/(°) | 刨削速度/(m/min) |
|---|---|---|---|---|---|
| φ7×355 | 90 | 270 | 0.6 | 45 | 0.1 |

# 任务 2　碳素钢、低合金钢和铸铁的炭弧气刨工艺

## 任务解析

按照法规和标准要求，能够进行碳素钢、低合金钢、铸铁的炭弧气刨工艺编制。

## 必备知识

### 一、碳素钢的炭弧气刨工艺

低碳钢采用炭弧气刨开坡口、清根及清除缺陷后,刨槽表面有一定深度的硬化层,其深度随刨削规范的变化而变化,深度约为 0.54~0.72mm。最深的硬化层也不会超过 1mm。对于碳的质量分数为 0.23% 的碳素钢,炭弧气刨后硬化层中碳的质量分数为 0.30% 左右,即增加了 0.07% 左右。

由于在随后的焊接过程中,会将这层硬化层熔化去除,因此基本上不影响焊接接头的性能。表 5-12 给出了碳素钢的炭弧气刨工艺参数。

二维码 5-2 炭弧气刨实例(板厚 12mm 对接平焊位的气刨)

炭弧气刨实例(板厚 12mm 对接平焊位的气刨)微课见二维码 5-2。

表 5-12 碳素钢的炭弧气刨工艺参数

| 炭棒 | 参数<br>炭棒规格/mm | 刨削电流/A | 刨削速度/<br>(m/min) | 槽道形状 | 备注 |
|---|---|---|---|---|---|
| 圆炭棒 | φ5 | 250 | — | 6.5 宽,4 深 | |
| | φ6 | 280~300 | — | 8 宽,4 深 | 用于板厚为 4~7mm |
| | φ7 | 300~350 | 1.0~1.2 | 10 宽,5 深 | |
| | φ8 | 350~400 | 0.7~1.0 | 12 宽,5 深 | 用于板厚为 8~24mm |
| | φ10 | 450~500 | 0.4~0.6 | 14 宽,6 深 | |
| 矩形炭棒 | 4×12 | 350~400 | 0.8~1.2 | | |
| | 5×20 | 450~480 | | | |
| | 5×25 | 550~600 | | | |

### 二、低合金钢的炭弧气刨工艺

低合金钢的炭弧气刨与低碳钢一样,当采用正确的规范及操作工艺时,炭弧气刨边缘一般都无明显的渗碳层,但在炭弧气刨的热边缘有 0.5~1.2mm 的热影响区,测定该区的最高硬度值可达360～450HV。焊接时该边缘金属熔入焊缝，气刨引起的热影响区消失。而焊缝热影响区最高硬度值为223～246HV，这与机械加工的坡口焊缝情况基本相同。即炭弧气刨对随后的焊接过程基本无影响。16Mn钢的炭弧气刨工艺参数见表5-13。16Mn钢炭弧气刨后焊缝及接头的力学性能见表5-14。

表5-13　16Mn钢的炭弧气刨工艺参数

| 板厚/mm | | 8～10 | 12～14 | 16～20 | 22～30 | 30以上 |
|---|---|---|---|---|---|---|
| 炭棒直径/mm | | 6 | 8 | 8 | 8 | 8 |
| 刨削电流/A | | 190～250 | 240～290 | 290～350 | 320～330 | 340～400 |
| 刨削电压/V | | 44～46 | 45～47 | 45～47 | 45～47 | 45～47 |
| 压缩空气压力/MPa | | 0.4～0.6 | 0.4～0.6 | 0.4～0.6 | 0.4～0.6 | 0.4～0.6 |
| 炭棒夹角/(°) | | 30～45 | 30～45 | 30～45 | 30～45 | 30～45 |
| 有效风距/mm | | 50～130 | 50～130 | 50～130 | 50～130 | 50～130 |
| 弧长/mm | | 1～1.5 | 1～1.5 | 1.5～2 | 1.5～2.5 | 1.5～2.5 |
| 刨削速度/(m/min) | | 0.9～1 | 0.85～0.9 | 0.8～0.85 | 0.7～0.8 | 0.65～0.7 |
| 刨槽尺寸/mm | 槽深 | 3～4 | 3.5～4.5 | 4.5～5.5 | 5～6 | 6～6.5 |
| | 槽宽 | 5～6 | 6～8 | 9～11 | 10～12 | 11～13 |
| | 槽底宽 | 2～3 | 3～4 | 4～5 | 4～5 | 4.5～5.5 |

表5-14　16Mn钢炭弧气刨后焊缝及接头的力学性能

| 检验部位 | 抗拉强度/MPa | 屈服强度/MPa | 伸长率/(%) | 冷弯角/(°) | 常温冲击韧度/(J/cm²) | | 硬度HV | |
|---|---|---|---|---|---|---|---|---|
| | | | | | 焊缝中心 | 热影响区 | 焊缝中心 | 热影响区 |
| 16Mn母材 | >520 | ≥350 | ≥21 | 180 | — | — | — | — |
| 焊接接头（E5015） | 662～669 | — | — | 180 | — | 72～93 | — | 223～246 |
| 焊缝金属（E5015） | 638～668 | 492～506 | 26～31 | — | 155～162 | — | 200～206 | — |

注：16Mn钢的硬度为210～215HV，常温冲击韧度大于70J/cm²。

对于一些重要的低合金钢结构件，炭弧气刨后表面往往有很薄的增碳层及淬硬层。为了保证焊接质量，刨削后应用砂轮仔细打磨，打磨深度约为1mm，至露出金属光泽且表面平滑为止。对于某些强度等级高、对冷裂纹十分敏感的低合金钢厚板，不宜采用炭弧气刨，此时可采用氧乙炔割炬开槽法清焊根。

### 三、铸铁的炭弧切割工艺

炭弧切割用于清理铸铁件，主要是切割飞边、毛刺及切割小尺寸冒口等。各种铸铁件都可以采用炭弧切割，其中球墨铸铁和合金铸铁容易切割，且表面光滑平整，白口层深度小。对于铸锻件，炭弧切割后的热应力很小。

切割飞边、毛刺以及切割小尺寸冒口实质上就是从铸件表面用矩形炭棒炭弧气刨的过程。其切割工艺基本上同炭弧气刨，但应注意以下几点：

1）选用的矩形炭棒的宽度要比飞边毛刺宽 2～3mm。如果切割的毛刺的最大宽度比最宽的炭棒还大，就要一道一道地并排切割。

2）选取切割电流时，对于要求机械加工的表面，为减少白口层深度，以免影响后续机械加工，应选用偏低或正常的电流。对于非机械加工表面，常选取偏大一些的电流。必须注意，电流增加时，白口层深度也增加，当电流增加到一定数值时，白口层的深度急剧增加。

3）切割铸件时，应注意将铸件上的沙粒清理干净。切割时最好在带有机械抽风装置的特制地坑中进行，以避免切割时压缩空气将地面的灰尘和沙粒吹起并弥漫在空中，使切割不能进行。

表 5-15 所列为炭弧切割铸铁的工艺及性能。

表 5-15 炭弧切割铸铁的工艺及性能

| 材料 | 切割电流/A | 空气压力/MPa | 白口层深度/mm | 切口质量 |
|---|---|---|---|---|
| QT600-3 | 600 | 0.5 | 0 | 光洁、平整 |
| 合金铸铁 | 600 | 0.5 | 0.14 | 光洁 |
| HT200 | 600 | 0.5 | 0.65 | 一般 |

### 四、炭弧气刨对工件材质的影响

炭弧气刨是一个使工件局部急速加热和冷却的过程，同时发生局部的化学反应，因而会对刨削表面以及邻近区的成分、组织及性能有一定的影响。

**1. 炭弧气刨的热影响区组织和硬度**

表 5-16 列出了一些典型材料炭弧气刨后的热影响区宽度、组织和硬度。

表 5-16 炭弧气刨对材料的热影响区宽度、组织和硬度的影响

| 材料 | 组织 | | 显微硬度/MPa | | 热影响区宽度/mm |
|---|---|---|---|---|---|
| | 母材 | 热影响区 | 母材 | 热影响区 | |
| Q235 | 铁素体、珠光体 | 铁素体、珠光体 | 1274～1450 | 1519～2156 | 1.0 |
| 14Mn2 | 铁素体、珠光体 | 索氏体 | — | — | 1.2 |
| 12CrNi3A | 铁素体、珠光体 | 索氏体 | 1470～2058 | 4018～4606 | 1.0～1.3 |
| 20CrMoV | 铁素体、珠光体 | 索氏体、托氏体 | 1421～1960 | 2940～4234 | 1.2 |
| 40Cr | 铁素体、珠光体 | 托氏体、马氏体 | 1764～2156 | 4900～7840 | 0.9～1.5 |
| 14Cr17Ni2 | 马氏体、铁素体 | 马氏体、铁素体 | 4312～4707 | 4410～5880 | 1.5～1.9 |
| 06Cr17Ni12Mo2Ti | 奥氏体、碳化物 | 奥氏体、碳化物 | 2156～2744 | 1960～2744 | — |
| 08Cr20Ni10Mn6 | 奥氏体、碳化物 | 奥氏体、碳化物 | 2254～2744 | 2254～2744 | — |

由表 5-16 可见，随着钢中碳和合金元素含量的增多，热影响区的宽度增大，尤其是显微硬度值增大。但是奥氏体钢未发生明显的组织变化和硬度升高。

### 2. 槽道表面增碳

增碳主要发生在槽道表层。对于含碳的质量分数为 0.23% 的钢，在厚度为 0.54～0.72mm 的表面层中碳的质量分数增至 0.3%，仅增加了 0.07%。对于 18-8 型不锈钢，增碳层厚度仅为 0.02～0.05mm，最厚处也不超过 0.11mm；距表面深 0.2～0.3mm 处含碳量同母材基本上没什么差别。在刨削深槽或多层刨削时，也可能产生厚度达 0.2～0.3mm 的增碳层。

炭弧气刨加工的坡口或背面槽虽存在增碳和热影响区，但对焊缝的力学性能影响不大。由于刨削产生的粘渣含碳量很高，因此粘渣和炭灰必须从槽道中清除。对于某些重要结构件，需用砂轮去除厚度为 0.5～0.8mm 的表面层后才可施焊。

### 3. 炭弧气刨对不锈钢焊接接头耐蚀性的影响

用 100mm×200mm×5mm 的不锈钢试板，正面开 70°坡口，焊条电弧焊正面后，反面采用炭弧气刨清根，并用打磨或刷的方法清理槽道，然后焊条电弧焊焊完背面。结果表明，炭弧气刨清根后再经打磨或刷的方法清理槽道，焊接接头的抗晶间腐蚀能力合格。但焊后试样经敏化处理后，腐蚀试验不合格。因此，对于要求做敏化处理的不锈钢件，应慎用炭弧气刨。

## 任务实施

水轮机中的一个重要部件为转轮体，其材质为 ZG20SiMn，由于尺寸原因需要进行补焊，焊后需要使用炭弧气刨进行清根处理，如图 5-34 所示。

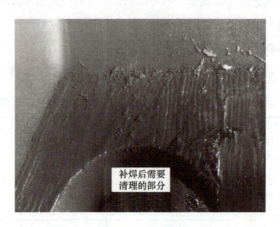

图 5-34 转轮体补焊后需要清理的部分

### 一、工作准备

#### 1. 设备及材料

多用直流炭弧气刨割焊机、钳式侧面送风式炭弧气刨枪、炭棒。

#### 2. 气体

压缩空气。

#### 3. 工具

手套、护目镜、钢丝刷等工具。

## 二、工作程序

采用的炭弧气刨工艺参数见表 5-17。

### 表 5-17 炭弧气刨工艺参数

| 炭棒规格/<br>（mm×mm×mm） | 炭棒伸出长度/<br>mm | 刨削电流/<br>A | 空气压力/<br>MPa | 刨削速度/<br>（m/min） |
| --- | --- | --- | --- | --- |
| 5×25×355 | 100~150 | 500 | 0.4~0.6 | 0.1 |

汽轮机阀体气刨去除多肉微课见二维码 5-3。

二维码 5-3　汽轮机阀体气刨去除多肉

## 项目总结

通过本项目的学习，学生能够掌握炭弧气刨的原理，能够对不同材料制订炭弧气刨工艺，熟悉常见的炭弧气刨缺陷及其预防措施，熟练掌握炭弧气刨操作技术，并能够对炭弧气刨设备进行维护。

## 复习思考题

### 一、判断题

1. 炭弧气刨过程中电弧的温度比火焰切割的温度高。　　　　　　　　　　　　　　　（　　）
2. 炭弧气刨与风铲、砂轮打磨相比，清根时效率高。　　　　　　　　　　　　　　　（　　）
3. 炭弧气刨与等离子弧切割相比，工效较低。　　　　　　　　　　　　　　　　　　（　　）
4. 炭弧气刨所需电流较大，连续工作时间长，应选用功率较大的交流焊机。　　　　　（　　）
5. 炭弧气刨用的压缩空气必须清洁干燥。　　　　　　　　　　　　　　　　　　　　（　　）
6. 工作角度即炭棒与工件间的夹角大小，不会影响刨槽深度和刨削速度。　　　　　　（　　）
7. 焊道返修时使用炭弧气刨进行清根，焊道的熔合区及过热区组织不易产生脆化。　　（　　）
8. 炭弧气刨作业人员资格认证时，应覆盖其修正所有焊道认证项目。　　　　　　　　（　　）
9. 炭弧气刨操作时应戴特制的防尘口罩。　　　　　　　　　　　　　　　　　　　　（　　）

### 二、填空题

1. 炭弧气刨是利用_____把金属的局部加热到熔化状态，同时用_____的气流把熔化金属吹掉。
2. 炭弧气刨用的压缩空气应有足够的压力和流量，其压力应能达到_____。
3. 炭弧气刨枪有_____和_____两种类型。

4. 炭棒有_____、_____两种形状。

5. 炭弧气刨一般碳钢、合金钢时，工件应接焊接电源输出端的_____。

6. 炭棒伸出长度一般为_____为宜。当伸出长度减少到_____时应重新调整。

7. 炭弧气刨后因槽道表面有增碳层，二次施焊前需用砂轮去除厚约_____的表面层。

8. 炭弧气刨时操作电弧长度以_____为宜。

9. 炭弧气刨前，应检查作业区_____半径内无易燃、易爆物品。

10. 在容器内进行炭弧气刨作业时，必须有_____措施。

## 项目实训

利用炭弧气刨开 V 形坡口，工件材料为 Q235，板厚为 14mm。具体要求：

1）制订合理的炭弧气刨工艺。具体操作可参考二维码 5-4。

二维码 5-4　炭弧气刨操作技能

2）如有缺陷，分析缺陷产生的原因并提出改进措施。

# 项目六
## 激光切割加工备料

### 项目导入

激光加工作为信息时代的新型加工工艺,在提高产品质量、提高劳动生产率、减少材料消耗等方面具有越来越重要的作用。激光切割是激光加工行业中最重要的应用技术之一,是不可缺少的钣金加工手段,已广泛用于汽车、船舶、航空、机械制造、化工、轻工、电器与电子、石油及冶金等行业。与其他切割方法相比,激光切割具有高速、高精度及高适应性的特点,同时还具有切口宽度小、热影响区小、切割面质量好、切割时无噪声、切割过程容易实现自动化控制等优点。激光切割板材时,不需要模具,可以替代一些需要采用复杂大型模具的冲切加工方法,能大大缩短生产周期和降低成本。

通过对本项目的学习,使学生了解激光切割的原理,掌握激光切割设备的调试与操作,能够对简单表面加工进行手工编程。

### 学习目标

1)了解激光切割的原理及优点。
2)了解激光切割的主要工艺。
3)认识激光切割设备的各组成部分。
4)了解激光切割的质量因素及衡量标准。
5)能够根据切割材料和要求选择参数,编制程序和进行切割。
6)了解激光加工头的构造与功能。
7)了解激光切割质量控制方法。
8)能够对简单或规则的表面加工进行手工编程。

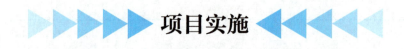

## 项目实施

### 任务1　激光切割设备的调试与操作

**任务解析**

了解激光切割的原理，通过对切割材料的分析，制订合理的切割工艺。

**必备知识**

#### 一、激光和激光器

**1. 激光**

激光全称为受激辐射的光放大，即 Light Amplification by Stimulated Emission of Radiation，简写为 LASER。激光的产生如图 6-1 所示。

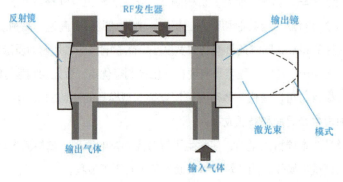

图 6-1　激光的产生

激光的特点：

（1）方向性好　其发光方向可以限制在几个毫弧度的立体角内。激光准直、导向和测距就是利用了这一特性。

（2）亮度高　激光是目前最亮的光源，并且能量高度集中，很容易在某一微小点处产生高压和几万摄氏度甚至几百万摄氏度的高温。激光打孔、切割、焊接和激光外科手术利用的就是这一特性。

（3）单色性好　普通光源通常包含各种波长，是各种颜色光的混合，而激光的波长只集中在十分窄的光谱频段或频率范围内，这一特性为精密度仪器测量和激励某些化学反应等科学实验提供了极为有利的手段。

（4）相干性好　基于激光具有高方向性和高单色性的特性，其相干性必然好。这一特性使全息照相成为现实。

**2. 激光器**

通常所说的激光器，就是使光源中的粒子受到激励而产生受激辐射跃迁，实现粒子数反转，从而实现光的放大的装置。

（1）激光器的组成  通常包括以下三部分：

1）激活介质：被激励后能产生粒子数反转的工作介质。

2）激励源：能够使激活介质发生粒子数反转的能源、泵浦源。

3）光谐振腔：使光束在其中反复震荡和被多次放大的装置。

（2）激光器的种类

1）Nd-YAG激光器。即目前应用较为广泛的一种激活离子与基质晶体组合的固体激光器，如图6-2所示，是目前除$CO_2$激光器以外应用最广泛的激光加工用激光器。Nd-YAG激光器的工作介质是掺入$Nd^{3+}$的钇铝石榴石（$Y_3Al_5O_{12}$），激活离子是钕离子。Nd-YAG晶体具有非常好的物理性能、化学性能、激光性能和热学性能。Nd-YAG激光器既可以实现脉冲输出，又可以实现连续输出，输出激光波长为$1.06\mu m$。金属（特别是铜、铝等有色金属）对此波段的吸收率明显高于$CO_2$激光器的$10.6\mu m$激光，因此特别适合金属材料的加工。

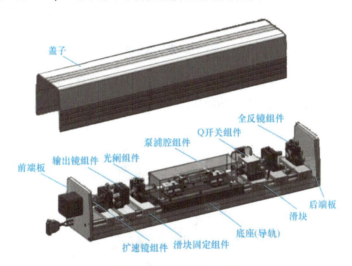

图6-2  Nd-YAG激光器

2）$CO_2$激光器。属气体激光器，如图6-3所示，具有效率高、光束质量好、功率范围大、能连续和脉冲输出、运行费用低、输出波长$10.6\mu m$正好落在大气窗口等优点，成为气体激光器中最重要、应用最广的一种激光器。

图6-3  $CO_2$激光器

3)光纤激光器。是指用掺稀土元素的玻璃光纤作为增益介质的激光器,如图 6-4 所示。光纤激光器应用范围非常广泛,包括激光光纤通信、激光空间远距离通信、工业造船、汽车制造、激光雕刻、激光打标、激光切割、印刷制辊、金属与非金属钻孔/切割/焊接(铜焊、淬水、包层以及深度焊接)、军事国防安全、医疗器械仪器设备、大型基础建设,还可作为其他激光器的泵浦源等。

图 6-4　光纤激光器

4)准分子激光器。即以准分子为工作物质的一类气体激光器,如图 6-5 所示。输出脉冲紫外光到可见光范围内的激光,波长短,频率高,光子能量大,可以直接深入到材料内部进行加工,加工质量极高。

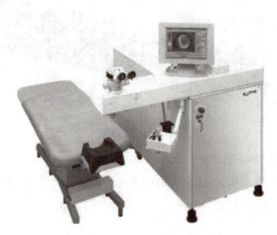

图 6-5　准分子激光器

5)半导体激光器。又称激光二极管,是用半导体材料作为工作物质的激光器,如图 6-6 所示。由于物质结构上的差异,不同种类物质产生激光的具体过程比较特殊。常用工作物质有砷化镓(GaAs)、硫化镉(CdS)、磷化铟(InP)、硫化锌(ZnS)等。半导体二极管激光器是最实用、最重要的一类激光器。它体积小、寿命长,并可采用简单的注入电流的方式泵浦,其工作电压和电流与集成电路兼容,因而可与之单片集成;并且还可以用高达吉赫($10^9$Hz)的频率直接进行电流调制,以获得高速调制的激光输出。由于这些优点,半导体激光器在激光通信、光存储、光陀螺、激光打印、测距以及雷达等方面已经获得了广泛的应用。

图 6-6 半导体激光器

**3. 激光辐射的危害**

（1）激光危害

1）激光束直射或通过镜面反射会灼伤眼睛，引起失明；直视红光指示光会灼伤视网膜。

2）激光束会灼伤皮肤。1度：变红（类似暴晒）；2度：起泡；3度：炭化。红光指示光对皮肤无影响。

3）光纤激光切割时的漫反射会伤害眼睛。

4）激光加工产生的高亮会伤害眼睛。

（2）非激光危害

1）电击危害。可致麻痹、电灼伤、心搏骤停甚至死亡。

2）空气污染和化学危害。激光切割会产生蒸汽、粉尘和有害气体等。

3）气体危害。包括高压伤害及气体泄漏产生的威胁。

4）火灾。激光切割机高温加工有产生火灾的危险。

5）物理损伤。高速运动的机床和交换工作台会对人体产生巨大的物理损伤，甚至死亡。

（3）激光危害分级

1）第一级（Class 1）激光：这一级别的激光，基于现在的医学知识，被认为是安全的。即在任何条件下，眼睛都不会受到有危害的光学辐射；或者虽然产品含有伤害性的激光，但被放置在相应的密封产品里，没有任何有害的辐射能逃出封闭装置，例如 CD-ROM 驱动器。

2）第二级（Class 2）激光：第二级激光指小功率、可见激光。第二级激光的光束久看有害，也就是低危险激光。只有持续凝视时，第二级激光才会造成眼部伤害。二级激光需要张贴"警示"标志，如图 6-7 所示。例如超市扫描仪。

3）第三级（Class 3）激光：即使只在完成厌光反应之前的短暂期间内，有第三级激光光束进入眼睛，就会有伤害。第三级又分为 3A、3B 两个副级。

3A 级激光系统也需要张贴"警示"标志，有时需要张贴"危险"标志，如图 6-8 所示。如果只是短时间看到，则人眼对光的排斥反射会起保护作用。如果采用聚光装置观察，则可能会造成伤害，比如在对光学装置进行调整时。

图 6-7　2 类激光产品警示标识

图 6-8　3A 类激光产品警示标识

对于 3B 级激光系统，如果直视或看到二次光束时可能会造成伤害。通常，该系列激光经无光表面反射后不会造成伤害。该系列系统上一般贴有"危险"标志，如图 6-9 所示，尽管它们对眼睛存在伤害，但是引起火灾或烧伤皮肤的危险较小。建议使用该系列激光时佩戴护眼装置。例如激光指示器。

4）第四级（Class 4）激光：第四级激光对眼睛和皮肤都存在伤害，直接反射、二次反射和漫反射光束都会造成伤害。所有四级激光系统都带有"危险"标志，如图 6-10 所示。四级激光还能损坏激光区域内或附近的材料，引燃可燃性物质。使用该系列激光时必须佩戴护眼装置及穿戴防护服。如果使用不当，以致眼睛和皮肤受到直接光束或散射光束照射时，都会受到伤害，也可导致火灾。例如近红外的用于打标和切割焊接的光纤激光器。

图 6-9　3B 类激光产品警示标识

图 6-10　4 类激光产品警示标识

**4. 激光安全防护标准**

（1）国际激光安全防护标准　国际电工委员会（IEC）激光设备技术委员会（TC76）激光辐射安全工作组早在 20 世纪 70 年代就开始商议激光安全防护的标准。国际电工委员会 1984 年正式发布了国际标准 IEC（60）825-1（1984）《激光产品的辐射安全　设备分类、要求和用户指南》；TC76 技术委员会于 1986 年正式发布了国际标准 IEC（60）820（1986）《激光设备和设施的电气安全》。

目前，IEC/TC76 安全小组的职责是"与使用激光相关的人体安全的各个方面"，工作领域包括：光辐射安全、光辐射测量、医疗激光设备、光纤通信系统安全、高功率激光器、基本标准的开发和维护、非相干（辐射）源、工业材料加工环境中激光器及激光设备的安全。现阶段 TC76 的主要工作是制修订 IEC 60825《激光产品的安全》系列标准。现在，中、德、法、美、英、日等国都引用此国际标准。

（2）我国激光安全防护标准　GB 7247.1-2012《激光产品的安全　第1部分：设备分类、要求》与 GB/T 10320-2011《激光设备和设施的电气安全》，这两个激光安全标准适用于从事于激光加工设备制造和使用的单位和企业。

### 二、激光加工

激光束作用于物体表面而引起的物体的变形，或者物体性能改变的加工过程称为激光加工。

按光与物质相互作用的机理，激光加工大体可以分为激光热加工和激光光化学反应加工（冷加工）两类。激光热加工适合于对金属材料进行焊接、切割、表面改性、合金化等；冷加工则适合于光化学沉积、激光刻蚀、掺杂和氧化等。

#### 1. 激光切割的原理及特点

激光切割是应用激光聚焦后产生的高功率密度能量实现切割的。在计算机的控制下，通过脉冲使激光器放电，从而输出受控的重复高频率的脉冲激光，形成一定频率、一定脉宽的光束。该脉冲激光束经过光路传导及反射，并通过聚焦透镜组聚焦在加工物体的表面上，形成一个个细微的、高能量密度光斑，这些光斑位于待加工面附近，可以瞬间高温熔化或汽化被加工材料，同时与光束同轴的高压气体将熔化或汽化的金属吹走。每一个高能量的激光脉冲瞬间就能将物体表面溅射出一个细小的孔，在计算机控制下，激光加工头与被加工材料按预先绘制的图形进行连续相对运动，就可将物体加工成所需的形状。

激光切割加工是用能量高度集中的光束代替了传统的机械刀，具有精度高、切割快速、不局限于切割图案限制、节省材料、切口平滑和加工成本低等特点，将逐渐改进或取代传统的金属切割工艺设备。其特点如下：

1）激光刀头的机械部分与工件无接触，在工作中不会对工件表面造成划伤。

2）激光切割速度快，切口光滑平整，一般无须后续加工。

3）切割热影响区小，板材变形小，切缝窄（宽度为 0.1～0.3mm）。

4）切口没有机械应力，无剪切毛刺。

5）加工精度高，重复性好，不损伤材料表面。

6）采用数控编程可加工任意的平面形状，可以对幅面很大的整板进行切割，无须开模具，经济省时。

#### 2. 激光切割与其他切割方法的应用对比

在板材切割下料的主要方法中，中厚板可采用氧乙炔焰切割，薄板可采用剪床下料，成形复杂零件大批量生产时可采用冲压，单件生产可采用振动剪。为了改善和提高火焰切割的切口质量，又推广了氧乙烷精密火焰切割和等离子弧切割。为了缩短大型冲压模具的制造周期，又发展了数控步冲与电加工技术。各种切割下料方法都有其优缺点，在工业生产中有一定的适用范围。而激光切割机的研发与应用无疑是对现代工业生产的重大提高和创新突破。激光切割由于具有精度高、切割快速、不局限于切割图案限制、自动排样节省材料、切口平滑及加工成本低等特点，已经成为机械加工最具竞争力的一种替代方法。

表 6–1 列出了各种切割工艺的对比。

表 6–1　各种切割工艺对比

| 工艺名称 | 切缝 | 变形 | 精度 | 图形变更 | 切割速度 | 费用 |
| --- | --- | --- | --- | --- | --- | --- |
| 激光切割 | 很小，宽0.1～0.3mm | 很小 | 高（0.2mm） | 很容易 | 较快 | 较高 |
| 等离子弧切割 | 较小 | 较大 | 高（1mm） | 很容易 | 较快 | 较低 |
| 水切割 | 较大 | 小 | 高 | 容易 | 较快 | 较高 |
| 模冲切割 | 较小 | 较大 | 低 | 难 | 快 | 较低 |
| 锯切 | 较大 | 较小 | 低 | 难 | 很慢 | 较低 |
| 线切割 | 较小 | 很小 | 高 | 容易 | 很慢 | 较高 |
| 气燃体切割 | 很大 | 严重 | 低 | 较容易 | 慢 | 较低 |
| 电火花切割 | 很小 | 很小 | 高 | 容易 | 很慢 | 很高 |

#### 3. 激光切割适用材料分析

随着激光切割技术的发展，激光切割应用的领域也越来越广泛，适用的材料也越来越多。但是不同的材料具有不同的特性，所以激光切割时需要注意的事项也不同。

（1）结构钢　该材料用氧气切割时会得到较好的效果。当用氧气作为加工气体时，切割边缘会轻微氧化。对于厚度达 4mm 的板材，可以用氮气作为加工气体进行高压切割，此时切割边缘不会被氧化。对于厚度为 10mm 以上的板材，对激光器使用特殊极板且在加工中给工件表面涂上油膜，可以得到较好的效果。

（2）不锈钢　切割不锈钢时，如果对边缘氧化情况不作要求，可以使用氧气作为加工气体；使用氮气可以得到无氧化无毛刺的边缘，就不需要再处理了。在板材表面涂层油膜会得到更好的穿孔效果，且不降低加工质量。

（3）铝　尽管有高反射率和热传导性，厚度为 6mm 以下的铝材仍可以切割，这取决于合金类型和激光器能力。当用氧切割时，切割表面粗糙而坚硬。用氮气时，切割表面平滑。纯铝因为纯度高而非常难以切割，只有在系统中安装"反射吸收"装置时才能切割；否则反射会导致光学组件毁坏。

（4）钛　钛板材用氩气和氮气作为加工气体进行切割。其他参数可以参考钢的切割。

（5）铜和黄铜　两种材料都具有高反射率和非常好的热传导性。厚度为 1mm 以下的黄铜可以用氮气切割；厚度为 2mm 以下的铜可以切割，但加工气体必须用氧气。只有在系统中安装"反射吸收"装置时才能切割铜和黄铜，否则反射会导致光学组件毁坏。

（6）合成材料　切割合成材料时，要牢记切割的危险和可能排放的危险物质。可切割的合成材料有热塑性塑料、热硬化材料和人造橡胶。

（7）有机物　在所有有机物切割中都存在着火的危险（用氮气作为加工气体，也可以用压缩空气作为加工气体）。木材、皮革、纸板和纸可以用激光切割，但切割边缘会烧焦（褐色）。

### 三、激光切割主要工艺

#### 1. 汽化切割

在激光汽化切割过程中，材料表面温度升至沸点温度的速度是如此之快，以至于足以避免热传导造成的熔化，于是部分材料汽化成蒸气消失，部分材料作为喷出物从切缝底部被辅助气流吹走。此情况下需要非常高的激光功率，实际上只用于铁基合金很小的使用领域。不能用于像木材和某些陶瓷等那些没有熔化状态因而不能蒸发的材料。

#### 2. 熔化切割

在激光熔化切割中，工件被局部熔化后借助气流把熔化的材料喷射出去。因为材料的转移只发生在其液态情况下，所以该过程被称为激光熔化切割。

激光光束配上高纯惰性切割气体促使熔化的材料离开切口，而气体本身不参与切割。激光熔化切割可以得到比汽化切割更高的切割速度。汽化所需的能量通常高于把材料熔化所需的能量。在激光熔化切割中，激光光束只被部分吸收。最大切割速度随着激光功率的增加而增加，随着板材厚度的增加和材料熔化温度的增加而减小。在激光功率一定的情况下，限制因素就是切口处的气压和材料的热传导率。对于铁制材料和钛金属，激光熔化切割可以得到无氧化切口。对于钢材料，产生熔化但不汽化的激光功率密度为 $10^4 \sim 10^5$ W/cm²。

#### 3. 氧化熔化切割（激光火焰切割）

熔化切割一般使用惰性气体，如果代之以氧气或其他活性气体，材料在激光束的照射下被点燃，与氧气发生激烈的化学反应而产生另一热源，使材料进一步加热，即氧化熔化切割。

对于相同厚度的结构钢，采用氧化熔化切割得到的切割速率比熔化切割要高。但另一方面，该方法和熔化切割相比切口质量会差些，即会生成更宽的切口、切口表面更粗糙、热影响区更大和边缘质量更差。激光火焰切割在加工精密模型和尖角时是不利的（有烧掉尖角的危险）。可以使用脉冲模式的激光束来限制热影响区。激光的功率决定切割速度。在激光功率一定的情况下，限制因素就是氧气的供应和材料的热传导率。

二维码 6-1　激光切割的分类

激光切割的分类微课见二维码 6-1。

#### 4. 控制断裂切割

对于容易受热破坏的脆性材料，通过激光束加热进行高速、可控的切断，称为控制断裂切割。这种切割的主要过程是：激光束加热脆性材料小块区域，引起该区域大的热梯度和严重的机械变形，导致材料形成裂缝；只要保持均衡的加热梯度，激光束可引导裂缝在任何需要的方向产生。

### 四、激光切割机组成部分

激光切割机一般由激光发生器、（外）光束传输组件、工作台（机床）、数控系统、冷却系统和计算机（硬件和软件）等部分组成，如图6-11所示。

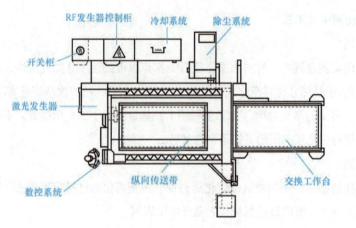

图 6-11　激光切割机的组成

1）机床主机部分：如图 6-12 和图 6-13 所示，激光切割机的机床主机部分是实现 $X$、$Y$、$Z$ 轴运动的机械部分，包括切割工作平台。切割工作平台用于安放被切割工件，并能按照控制程序正确而精准地移动，通常由伺服电动机驱动。

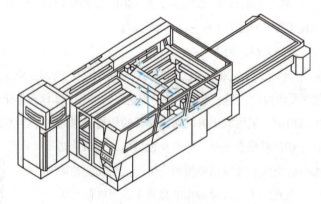

图 6-12　机床主机部分

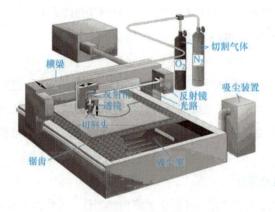

图 6-13　激光切割机床

2）激光发生器：产生激光光源的装置。对于激光切割而言，除了少数场合采用 YAG 固体激光器外，绝大部分采用电 – 光转换效率较高并能输出较高功率的 $CO_2$ 气体激光器。由于激光切割对光束质量要求很高,所以不是所有的激光器都能用于切割。

3)外光路:折射反射镜,用于将激光导向所需要的方向。为使光束通路不发生故障,所有反射镜都需保护罩加以保护,并通入洁净的正压保护气体,以保护镜片不受污染。一套性能良好的透镜会将一无发散角的光束聚焦成无限小的光斑。一般用 5.0in(12.7cm)焦距的透镜。7.5in(19.05cm)焦距的透镜仅用于厚度 >12mm 的板材。

4)数控系统:控制机床实现 $X$、$Y$、$Z$ 轴的运动,同时也控制激光器的输出功率。

5)稳压电源:连接在激光器、数控机床与电力供应系统之间。主要起防止外电网干扰的作用。

6)切割头:主要包括腔体、聚焦透镜座、聚焦镜、电容式传感器和辅助气体喷嘴等,如图 6-14 所示。切割头驱动装置用于按照程序驱动切割头沿 $Z$ 轴方向运动,由伺服电动机和丝杠或齿轮等传动件组成。

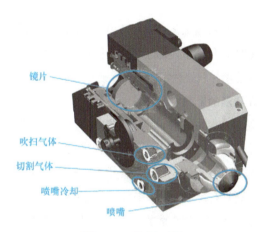

图 6-14 激光切割头

7)操作台:用于控制整个切割装置的工作过程。

8)冷却系统:用于冷却激光发生器。激光器是将电能转换成光能的装置,如 $CO_2$ 气体激光器的转换率一般为 20%,剩余的能量就变换成热量。冷却水把多余的热量带走,以保持激光发生器的正常工作。冷却系统还对机床外光路反射镜和聚焦镜进行冷却,以保证稳定的光束传输质量,并有效防止镜片温度过高而导致变形或炸裂。

9)气瓶:包括激光切割机工作介质气瓶和辅助气瓶,用于补充激光振荡的工业气体和供给切割头用辅助气体。

10)空压机、储气罐:提供和存储压缩空气。

11)空气冷却干燥机、过滤器:用于向激光发生器和光束通路供给洁净的干燥空气,以保持通路和反射镜的正常工作。

12)抽风除尘机:抽出加工时产生的烟尘和粉尘,并进行过滤处理,使废气排放符合环境保护标准。

13)排渣机:排除加工时产生的边角余料和废料等。

### 五、激光切割机切割质量

#### 1. 切割速度对切割质量的影响

对给定的激光功率密度和材料,切割速度符合一个经验式,只要在通阈值以上,材料的切割速度与激光功率密度成正比,即增加功率密度可提高切割速度。这里所指的功率密度不但与激光输出功率有关,而且与光束质量模式有关。另外,光束聚焦系统的特征,即聚焦后的光斑大小也对激光切割有很大的影响。

切割速度与被切割材料的密度(比重)和厚度成反比。

当其他参数保持不变时,提高切割速度的因素是:提高功率(在一定范围内,如500~2 000W);改善光束模式(如从高阶模到低阶模直至TEM00);减小聚焦光斑尺寸(如采用短焦距透镜聚焦);切割低起始蒸发能的材料(如塑料、有机玻璃等);切割低密度材料(如白松木等);切割薄壁材料。

特别对于金属材料而言,在其他工艺变量保持恒定的情况下,激光切割速度可以有一个相对调节范围而仍能保持较满意的切割质量,这个调节范围在切割薄壁金属时比厚件稍宽。有时,切割速度偏慢也会导致排出的热熔材料烧蚀切口表面,使切面很粗糙。

#### 2. 焦点位置调整对切割质量的影响

由于激光功率密度对切割速度影响很大,透镜焦距的选择是个重要问题。激光束聚焦后的光斑大小与透镜焦距成正比,光束经短焦距透镜聚焦后光斑尺寸很小,焦点处功率密度很高,对材料切割很有利;但它的缺点是焦深很短,调节余量小,一般比较适合于高速切割薄壁材料。由于长焦距透镜有较宽焦深,只要具有足够的功率密度,比较适合切割厚工件。

在确定透镜焦距以后,焦点与工件表面的相对位置对保证切割质量尤为重要。由于焦点处功率密度最高,大多数情况下,切割时焦点位置刚好处于工件表面,或稍微在表面以下。在整个切割过程中,确保焦点与工件相对位置恒定是获得稳定的切割质量的重要条件。有时,透镜在工作过程中因冷却不善而受热,从而引起焦距变化,这就需要及时调整焦点位置。

当焦点处于最佳位置时,切口宽度最小、效率最高,以最佳切割速度可获得最佳切割结果。

在大多数应用场合,光束焦点调整到刚好处于喷嘴下。喷嘴与工件表面的间距一般为1.5mm左右。

#### 3. 辅助气体压力对切割质量的影响

一般情况下,材料切割都需要使用辅助气体,因而需要确定辅助气体的类型和压力。通常,辅助气体与激光束同轴喷出,保护透镜免受污染并吹走切割区底部的熔渣。对于非金属材料和部分金属材料,使用压缩空气或惰性气体,以清除融化和蒸发材料,同时抑制切割区过度燃烧。

对于大多数金属,激光切割则使用活性气体(主要是$O_2$),形成与炽热金属发生氧化放热反应,这部分附加热量可使切割速度提高1/3~1/2。

在确保辅助气体的前提下,气体压力是一个极为重要的因素。当高速切割薄壁材料时,需要较高的气体压力,以防止切口背面粘渣(热粘渣还会损伤切边)。当材料厚度增加或切割速度较慢时,则气体压力宜适当降低。为了防止塑料切边霜化,也以较低气体压力切割为好。

激光切割实践表明，当辅助气体为 $O_2$ 时，气体的纯度对切割质量有明显影响。$O_2$ 的纯度降低 2%，会使切割速度降低 50%，并导致切口质量显著变差。

**4. 激光输出功率对切割质量的影响**

对连续波输出的激光器来说，激光功率大小和光束模式都会对切割质量产生重要影响。实际操作时，常常设置最大功率以获得较高的切割速度，或用以切割较厚的材料。但光束模式（光束能量在横断面上的分布）有时显得更加重要，而且，当提高输出功率时，光束模式常随之稍有变差。通常，在小于最大功率的情况下，焦点处却获得最高的功率密度，并获得最佳切割质量。在激光器整个有效工作寿命期间，光束模式并不一致。光学元件的状况、激光工作混合气体细微的变化和流量波动，都会影响模式机构。

综上所述，虽然影响激光切割的因素较为复杂，但切割速度、焦点位置、辅助气体压力和激光功率及模式结构是四个最重要的变量。在切割过程中，如发现切割质量明显变差，首先要检查以上重要影响因素并及时加以调控。

**5. 工件特性对切割质量的影响**

（1）材料表面反射率　对 $CO_2$ 激光器发射出的 $10.6\mu m$ 远红外光束来说，非金属材料对光束吸收较好，即具有高的吸收率；而金属材料则对 $10.6\mu m$ 光束吸收较差，特别是具有高反射率的金、银、铜和铝金属等，这类材料一般不适宜用 $CO_2$ 激光束，特别是连续波光束来切割。

钢铁类材料及镍、钛等对 $10.6\mu m$ 的 $CO_2$ 光束有一定吸收率，特别是当材料表面加热到一定温度或形成氧化膜以后，其吸收率还会大幅度提高，从而获得较好的切割效果。

对于不透明材料，吸收率＝（1－反射率），与材料表面状态、温度及波长有关。

材料对光束的吸收率大小在加热起始阶段具有重要作用，而一旦工件内部小孔形成，小孔的黑体效应会使材料对光束的吸收率达到近乎 100%。

（2）材料表面状态　材料的表面状态直接影响对光束的吸收，尤其是表面粗糙度和表面氧化层会造成表面吸收率的明显变化。在激光切割实践中，有时可利用材料表面状态对光束吸收率的影响来改善材料的切割性能。

**6. 其他因素对切割质量的影响**

（1）割炬和喷嘴的影响　割炬的设计和制造对获得良好切割质量有重要影响，特别是喷嘴。

喷嘴如选用不当或维护不善，则易造成污染或损伤；如果喷嘴口的圆度不好或因热金属飞溅引起局部堵塞，则会在喷嘴中形成涡流，导致切割性能明显变差；如果喷嘴口与聚焦光束不同轴，则导致光束剪切喷嘴边缘，也会影响切边质量，增加切缝宽度和使切割尺寸错位。

1）喷嘴直径的影响。喷嘴口大小对切割速度有一定的影响，对出口处气体压力的分布也有影响。喷嘴直径增加，由于喷气流对切割区母材的强烈冷却作用，会使热影响区变窄，但也会导致切缝过宽。而喷嘴直径太小会引起准直困难，喷嘴口有被光束削截的危险，而且切缝过窄，在高的切割速度下会阻碍熔渣的顺利排出。

2）喷嘴与工件表面间距的影响。喷嘴与工件表面的间距直接影响喷嘴气流与工件切缝的耦合。喷嘴太靠近工件表面时，对透镜会产生强烈的返回压力，减弱了对切割产物质点的驱散能力，对切割质量有不利影响；但距离太远时又会造成不必要的动能损失，对有效切割也不利。一般情况下，喷嘴与工件表面的间距控制在 1～2mm 为宜。现代激光切割系统的割炬都配有电感或电容式传感器反馈装置，以自动调节喷嘴在预先设定的高度范围内。

（2）外光路系统的影响　激光器射出的原始光束是经过外光路系统的传输（包括反射和透射），以极高的功率密度准确地照射到工件的表面。

外光路系统的光学元件应定期检查、及时调整，以确保当割炬在工件上方运行时，光束正确地传输到透镜中心并聚焦成很小的光点，对工件进行高质量切割。一旦其中任何一光学元件位置发生变化或受到污染，都会影响切割质量，甚至造成切割不能进行。

外光路镜片受到气流中的杂质污染和发生切割区飞溅质点黏结，或者镜片冷却不足，都会使镜片发生过热，影响光束能量传输，引起光路准直度漂移而导致严重后果；透镜过热还会产生焦点失真，甚至危及透镜本身。因此，对外光路镜片进行清理是个极为重要而往往会被忽视的问题，下面列出一些清洗要点。

1）透镜的清洗：把擦镜头纸弯成几折，用几滴分析纯丙酮浸湿；用浸湿的镜头纸轻轻擦拭镜头表面，注意不能用手指压镜片；反复几次，直到镜片表面清洁、没有污垢和残存痕迹留在镜面；用干空气吹干；必要时可用几滴丙酮将镜头纸浸湿，将其卷成杆状，轻轻地擦洗镜片表面，以去除重污渍。

需要注意的是：丙酮易从空气中吸收潮气和水分而污染丙酮本身，所以使用后要盖紧丙酮瓶盖，千万不要将清洗后剩下的丙酮液倒回新的丙酮瓶中。

2）反射镜镜片的清洗：从镜架上拆除镜片；镜面朝上，把镜头纸放在镜面上；在镜头纸上滴几滴丙酮，并轻拉镜头纸撩过镜面；反复上述工序，直至镜面清洁、无污秽和残渍留在镜面；最后把镜片装入镜座。

如果采用钼镜作反射镜，因为它没有镀层，抛光后即可直接使用，所以可用水（肥皂水或含洗洁精的水）清洗镜面。但其他表面有镀层的镜片不能用水清洗，因为很多镀层溶解于水，镜片将遭破坏。

**7. 激光切割质量的判定标准**

判断激光切割机切割质量的好坏，是断定激光切割设备性能最直观的方式。以下为判定切割质量的九大标准。

（1）粗糙度　激光切割断面会形成垂直的纹路，纹路的深度决定了切割表面的粗糙度。纹路越浅，切割断面就越光滑。粗糙度不仅影响边缘的外观，还影响摩擦特性。大多数情况下，需要尽量降低粗糙度值，所以纹路越浅，切割质量就越高。

（2）垂直度　如果金属板材的厚度超过 10mm，切割边缘的垂直度就会显得非常重要。远离焦点时，激光束变得发散，根据焦点的位置，切割朝着顶部或者底部变宽。边缘越垂直，切割质量越高。

（3）切割宽度　切割宽度一般来说不影响切割质量，仅仅在部件内部形成特别精密的轮廓时，切割宽度才有重要影响，这是因为切割宽度决定了轮廓的内径。当板材厚度增加时，切割宽度也随之增加。所以要保证同等的精度，不管切口宽度多大，工件在激光切割机的加工区域应该是恒定的。

（4）纹路　高速切割厚板时，熔融金属不会出现于垂直激光束下方的切口里，反而会在激光束偏后处喷出来。即弯曲的纹路在切割边缘形成了，纹路紧紧跟随移动的激光束。为了修正这个问题，在切割加工结尾时降低进给速率，可以大大消除纹路的形成。

（5）毛刺　毛刺的形成是判定激光切割质量的一个非常重要的影响因素，因为毛刺的去除需要额外的工作量，所以毛刺的多少能直观判断切割的质量。

（6）材料沉积　激光切割机在开始熔化穿孔前先在工件表面涂上一层含油的特殊液体。切割过程中，由于汽化且各种材料不同，可用风吹出切口，但是向上或向下排出也会在表面形成沉积。

（7）凹陷和腐蚀　凹陷和腐蚀对切割边缘的表面有不利影响，直接影响外观。它们出现在一般本应避免的切割误差中。

（8）热影响区域　激光切割中，沿着切口附近的区域被加热；同时，金属的结构发生变化，例如一些金属会发生硬化。热影响区域指的是内部结构发生变化的区域的深度。

（9）变形　如果切割使得工件急剧加热，工件就会变形。精细加工中这一点尤为重要，因为精细加工时的轮廓和连接片通常只有十分之几毫米宽。控制激光功率及使用短激光脉冲可以减少部件受热，避免变形。

## 任务实施

### 一、工作程序

#### 1. 操作细节要求

激光切割机在工作时，如果发生故障是很危险的，新手必须经过专业培训才能独立操作。根据经验总结了激光切割机安全工作的13个细节：

1）操作者须经过培训，了解设备结构、性能，掌握操作系统有关知识。

2）按规定穿戴好劳动防护用品，在激光束附近必须佩戴符合规定的防护眼镜。

3）严格按照激光器启动程序启动激光器。

4）在未明确某一材料是否能用激光照射或加热前，不要对其加工，以免产生烟雾和蒸汽的潜在危险。

5）设备开动时，操作人员不得擅自离开岗位或托人代管；如的确需要离开时，应停机或切断电源开关。

6）要将灭火器放在触手可及的地方；不加工时要关掉激光器或光闸；不要在未加防护的激光束附近放置纸张、布或其他易燃物。

7）在加工过程中发现异常时，应立即停机，及时排除故障或上报主管人员。

8）保持激光器、床身及周围场地整洁、有序、无油污，工件、板材、废料按规定堆放。

9）使用气瓶时，应避免压坏焊接电线，以免漏电事故发生。气瓶的使用、运输应遵守气瓶监察规程。禁止气瓶在阳光下暴晒或靠近热源。开启瓶阀时，操作者必须站在瓶嘴侧面。

10）维修时要遵守高压安全规程。每运转40h或每周维护、每运转1000h或每六个月维护时，要按照规定和程序进行。

11）开机后应手动低速 $X$、$Y$ 方向开动机床，检查确认有无异常情况。

12）新的工件程序输入后，应先试运行，并检查其运行情况。

13）工作时，注意观察机床运行情况，避免切割机超出有效行程范围或发生碰撞造成事故。

**2. 激光切割机操作步骤**

1）打开稳压电源总开关，将输出电压切换到稳压模式，不得使用市电。

2）接通机床总电源开关（ON）。

3）接通机床控制电源（钥匙开关）。

4）待系统自检完成，机床各轴回参考点。

5）起动冷水机组，检查水温、水压（正常水压为0.5MPa）。冷水机组上电3min后，压缩机起动，风扇转动，开始制冷降温。

注意：冷水机组散热片要定期进行清理，避免灰尘过多而影响工作，水箱内的蒸馏水应四个月更换一次，不可使用自来水或纯净水。

6）打开氮气瓶、氧气瓶，检查气瓶压力，起动空压机、冷干机。

注意：空压机、冷干机过滤器每天早晨必须排水，外光路镜片侧吹风的前一级过滤器必须随时检查，不得有水或油，否则会污染镜片。必须改善气源，使之达标。

7）待冷水机降至设定温度（设定为21℃），再打开激光器总电源，开低压（白色按键）。

8）当激光器操作面板出现"HV READY"字样时，上高压。

9）当激光器操作面板出现"HV START"字样时，激光器红色指示灯亮，数控系统右上角先前显示的"LASER H-VOLTAGE NOT READY"报警消失，表明高压正常，激光器进入待命工作状态。

10）切割前确认材料种类、材料厚度及平面尺寸，并将需要切割的材料放置在工作台上，调整板材，使其边缘和机床 $X$ 轴和 $Y$ 轴平行，避免切割头在板材范围外工作。根据材料及厚度，调用相应的参数。根据切割参数选择相应的镜片和喷嘴，并检查是否完好。检查及调整喷嘴位置，将切割头调到至合适的焦点。

注意：务必检查所有切割头是否正确，切割非金属材料时必须使用接触式切割头（加非金属检测环）。

11）切割气体检查。输入开通辅助气体命令，观察气体是否能良好地从喷嘴喷出。材料试切，检查断面情况，调整工艺参数，直至满足生产要求。

12）按照工件图样编制切割程序，并导入到CNC。将 $Z$ 轴移动到切割起点，模拟要执行的程序，确保不会出现超出软限位警报；进入编辑方式，根据材料种类和厚度调节功率、速度及打孔时间。

13）若要切割碳钢板，在手动方式下选择氧气，调节气压表为切割所需压力值。然后检查焦点位置，执行同轴检查程序，确保激光光束通过喷嘴中心；$Z$ 轴随动到板材表面，调整确定喷嘴距板面的距离（调节控制盒电位器）。

14）待以上各项操作正常，才能切换到执行状态，进行工件的切割。将切割头移动至切割的起点，按下"开始"执行切割程序。操作者在切割过程中不得离开机床，如遇紧急情况，应迅速按下"复位"或"急停"终止运行。

15）如切割过程中出现挂渣、返渣或其他异常情况，应立刻暂停，并查明原因，问题解决后再继续切割，以免损坏设备。

16）工作完毕，按以下顺序关机：

① 关激光器高压。

② 在激光器面板关低压。

③ 断开激光器总电源。

④ 关冷水机组。

⑤ 断开机床控制电源（钥匙开关），断开机床总电源开关。

⑥ 关冷干机。

⑦ 关空压机。

⑧ 关闭氮气和氧气阀。

激光切割具体案例分析微课见二维码6-2。

二维码6-2　激光切割具体案例分析

## 任务2　使用激光切割机加工备料

### 任务解析

制订合理的激光切割工艺，对简单或规则的表面进行切割加工。

### 必备知识

#### 一、激光切割机切割头的构造与功能分析

1）加工（聚集）透镜：把发振器射出的直径为15～25mm的激光束聚焦成能量密度最适合于加工的光学元件，如图6-15所示。

2）辅助气体：被引导到加工透镜下方，与激光束同轴，吹向被加工材料。

3）喷嘴：安装于切割头的底部，有助于控制辅助气体的射出，需根据不同的加工内容选择不同的喷嘴。同时喷嘴具有静电容量传感器的功能，在高速切割过程中能使被加工材料和喷嘴间的距离保持稳定，如图6-16所示。

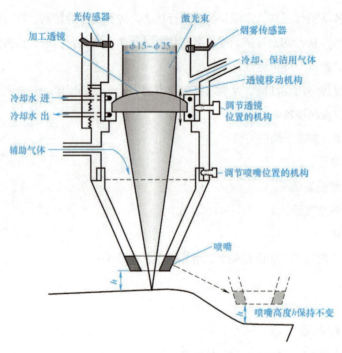

图 6-15 激光切割机切割头的构造

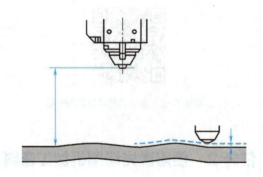

图 6-16 激光切割机喷嘴

4）喷嘴及透镜位置调节机构：喷嘴的中心要和激光束的中心一致，通常通过喷嘴及透镜位置调节机构来实现。

5）透镜移动机构：透镜相对于切割头具有单独移动的功能，可在喷嘴与被加工材料之间距离保持不变的情况下，改变焦点位置，以适应不同材质的工件。

6）冷却机构：透镜的温度不宜过高，可以通过冷却机构对透镜架进行水冷，从而实现对透镜的间接冷却。

7）保洁冷却机构：从透镜的上方向透镜喷射氮气或者干燥空气，实现光路的保洁功能，防止热透镜效应的产生，同时兼具冷却功能。

8）光传感器：安装于透镜的上方，用于测量加工部的光量，有些还具备对焦、防止过烧、防止产生等离子体等功能。

9）烟雾传感器：安装于透镜上方，当透镜温度过高发生烧损时，能自动停止加工过程。

## 二、激光切割的编程

### 1. 手工编程

一般而言,对于简单或规则的表面切割加工,可以在数控切割机的操作面板上直接输入指令代码进行手工编程,如图 6-17 所示。

图 6-17 激光切割手工编程

1)功能键:根据界面提示的功能选择按键,如图 6-18 所示。

图 6-18 功能键

2)数字键,小数点,退格键:用于数字输入,主要用于输入参数,如图 6-19 所示。

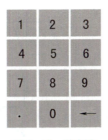

图 6-19 数字键

3)方向键:用于切换光标和点动浮头,"变速"键可切换点动速度,如图 6-20 所示。

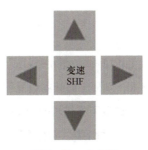

图 6-20 方向键

4）控制键：如图 6-21 所示。

图 6-21　控制键

"跟随开/关"用于手动开关跟随，关闭跟随时，切割头会自动上抬至停靠高度。

"跟随快/慢"用于实时调整跟随运动整定的快慢级数。

"跟随高/低"用于实时调整跟随高度。

"停止"用于立刻停止所有运动。

"回原点"用于立刻执行回原点运动，并修正机械坐标。

"确定"用于确认当前的操作。

"取消"用于取消操作或返回。

**2. 自动编程系统**

在加工具有复杂曲面或具有不规则曲线轮廓的零件时，就需要引入自动编程系统，编程过程流程如图 6-22 所示。

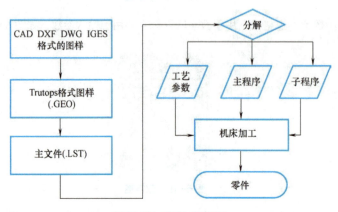

图 6-22　编程过程流程

**3. 自动编程步骤**

1）打开 TRUTOPS 软件。

2）单击 CAD 图标，即可进入绘图界面，如图 6-23 所示。

3）把 DXF 文档转换为 GEO 格式，以便于后续的编程和排版，主要操作如下：

① 单击"打开文件夹"图标，选取所要编辑的 DXF 文档。

② 单击图标，查看是否有重复线或断线。如有重复线，可使用图标删除重复线；如有断线，使用图标使断线闭合。

③ 修改完成后单击图标 ■，将图形另存为 GEO 格式。

4）单击 Nest 图标，进入组合排版界面，如图 6-24 所示。

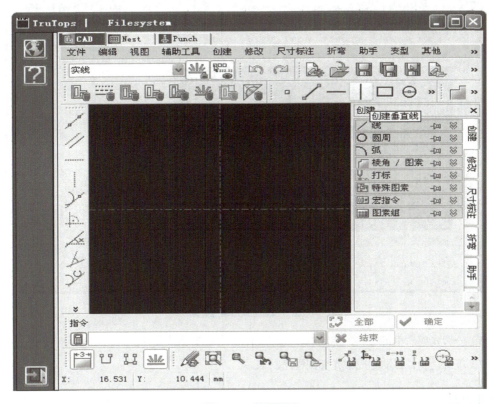

图 6-23　绘图界面

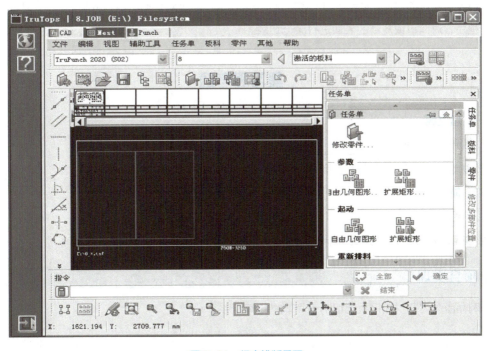

图 6-24　组合排版界面

5）单击 Laser 图标即进入激光编程界面，如图 6-25 所示。

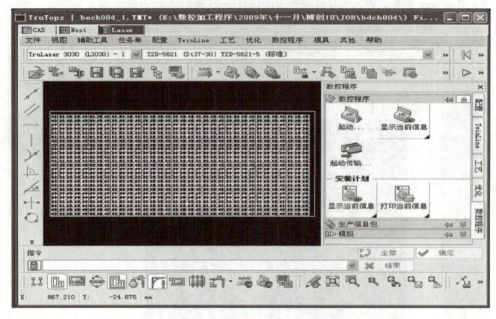

图 6-25　激光编程界面

6）一切完成后单击 ，生成 NC 程序文件，即 LST 格式文件。

7）单击 ，自动生成激光切割程序。

## 项目总结

通过本项目的学习，使同学们了解激光切割的原理，通过对切割材料的分析，选择合理的参数，编制程序，对简单或规则的表面进行激光切割。

---

### 复习思考题

一、填空题

1.激光器通常包括_____、_____、_____三部分。

2.激光加工按光与物质相互作用的机理大体可以分为_____和_____两类。

二、简答题

1.简述激光的特点。

2.衡量激光切割质量的标准是什么？

【项目实训】

利用激光切割机在钢板上切割出简单的几何图形。

# 参考文献

[1] 洪生伟. 质量管理[M]. 6版. 北京：中国质检出版社，2012.

[2] 洪松涛，等. 等离子弧焊接与切割一本通[M]. 上海：上海科学技术出版社，2015.

[3] 国家经贸委安全生产局. 金属焊接与切割作业[M]. 2版. 北京：气象出版社，2005.

[4] 李亚江. 切割技术及应用[M]. 北京：化学工业出版社，2004.

[5] 梁桂芳. 切割技术手册[M]. 北京：机械工业出版社，1997.

[6] 邱言龙，等. 等离子弧焊与切割技术快速入门[M]. 上海：上海科学技术出版社，2011.

[7] 徐继达，等. 金属焊接与切割作业[M]. 北京：气象出版社，2002.

[8] 孟宪杰，王文利. 金属焊接与切割技术[M]. 北京：中国质检出版社，2011.

[9] 王洪光，等. 气焊与气割[M]. 北京：化学工业出版社，2005.

[10] 刘家发. 焊工手册：手工焊接与切割[M]. 3版. 北京：机械工业出版社，2002.